手調食飲
研究室

prologue 自序

歡迎光臨「藝娜手調飲品研究室」

相較於風格雷同的咖啡連鎖店，我更喜歡拜訪能感受到個人特色氛圍、搭配很有個性的飲料杯，及蘊含各種故事的咖啡館。

不過在忙碌的日常生活中，很難每次都花大把時間去尋找中意的店家，漫長時間的等待令人疲憊，偶而也會有帶著滿心期待卻大失所望的時候。

某天，我看到一篇報導上寫著：「打造自己專屬的居家咖啡館吧！」

這短短的一句話令我內心悸動不已，我開始思考什麼是「專屬我自己的居家咖啡館」。我覺得，這句話說的就是我當自己的老闆，依照我的喜好打造「藝娜手調飲品研究室」。

不用浩大的準備工程，就從我平常享用的一杯咖啡開始多花點心思。更熟練之後，我開始運用想像力調出我心目中嚮往的咖啡館飲品，也陸續嘗試陌生的食材，開發出實驗性質的新飲品。我清楚知道自己喜歡什麼、不喜歡什麼，不知不覺中，便打造出完全符合我自己喜好的各式飲品。

這是我的興趣和享受，為了留下紀錄，我開始在網路上跟大家分享。沒有什麼特別的事情時，我每天都會在同一個時間上傳照片，一天一則，就這樣持續了兩年。也許是一直持續發文的關係，越來越多人會在我準備上傳的時間等待，並給我立即的回覆。大家各自在不同的空間，卻彷彿在同樣的時間一起進入咖啡館談心，真的很幸福。

更感謝的是，我也收到了出版社的邀稿。

其實在決定出版前，我相當煩惱，擔心只符合我個人偏好的手調飲品，是不是也能讓其他人都喜歡。不過許多粉絲回覆我，只要看到我的飲料就覺得療癒又幸福，他們照著我的說明調出飲品後，終於找到了專屬於自己的居家咖啡館，聽到他們這麼說，才讓我下定決心要出版這本書。

真心希望能透過這本書告訴大家：「每個人都能打造自己的居家咖啡館，而且那份喜悅和滿足無比龐大。」整本書滿滿收錄了讓飲品變得更賞心悅目、更美味可口的小訣竅，希望能讓讀者們輕鬆自在地徜徉在飲品的世界裡。

最後，很感謝支持藝娜的85萬粉絲，也很感謝親自蒞臨藝娜手調飲品研究室的常客、我的家人和朋友們。

藝娜 @y.na__

contents

08

在開始之前

30

熱戀紅粉

64

清新黃橙

94

鮮活青綠

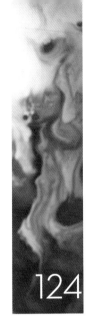

124

沉穩咖啡

156

浪漫藍紫

同場加映

在開始之前
basic guide

在邂逅藝娜的手調飲品前
要先了解的基本資訊

讓手作更輕鬆！本書的6個應用方法

1_____ **飲品依5大主題色分類，席捲你的視覺感官**

依序以紅粉、黃橙、青綠、咖啡、藍紫等不同色調，將各款飲品分為5大章節。觸發你視覺上的悸動後，邀請你也親手嘗試，一起享受手調飲品的樂趣！

2_____ **瀏覽各飲品的性質簡介，快速滿足你當下的期待**

每道飲品都附有清楚的性質介紹，分為：有無咖啡因COFFEE ／ NON COFFEE、冷熱HOT ／ ICED、適合對象FOR KIDS ／ FOR ADULTS，讓你一眼就能輕鬆選出最想喝的飲品。

3_____ **挑對適合的杯型，大幅提升飲品顏值**

用不同的杯子盛裝，氛圍和氣質也會截然不同。先挑個與成品圖相似的杯子再開始吧！家裡杯子大小不同時也別擔心，只要正確掌握食材黃金比例，無論增量或減量，都能維持禁得起考驗的美味。

4_____ **每道食譜的步驟拆解說明詳細，新手也能零失誤**

只是看著YouTube或IG上快速播放的影片、照片，很難跟著做出一樣的飲品吧？書中的每道食譜都搭配定格步驟圖，逐一說明每個流程的操作細節，讓你第一次就上手。

5_____ **運用多樣化的食材和工具，增添創意氣息**

將整支冰棒插入飲料杯中，或用製冰盒做出療癒的動物冰磚、浪漫花果冰磚，完整公開視覺系飲品的加分訣竅，你也可以變化出自己獨特的創意手法！

6_____ **超越單一食譜的侷限，盡情發揮想像力**

當你對飲品中的各種食材、裝飾、香草和冰塊，有一定程度的熟悉後，就能自由發揮想像力、廣泛應用，打造獨具個人風格的手調飲品！

給你精準美味！不可不知的計量方法

量杯＿＿＿1杯＝200毫升

製作飲品時，測量液體食材最常使用的就是量杯，放在平坦的地方後裝到最滿，但不要溢出來，就是1杯。粉類食材不要壓實，直接裝滿後用筷子刮掉量杯上緣多出來的部分，就是1杯。沒有量杯的話，也可以使用標有刻度的杯子。

一口杯（咖啡量杯）＿＿＿1杯＝約30毫升

一般所說的「1杯濃縮咖啡」，隨著使用機器、咖啡豆分量、萃取時間及咖啡師的不同，萃取出來的量都不一樣，無法準確規定容量。書中的咖啡是以膠囊咖啡機和即溶咖啡粉為標準做介紹，大致上1杯約30毫升左右。

量匙＿＿＿1小匙＝5毫升／1大匙＝15毫升

盛取液體食材時需滿匙，粉末或黏稠食材則需要在盛滿後用筷子刮平。

冰淇淋勺＿＿＿1勺＝約90克（以冰淇淋為準）

書中的1勺是以「Horeca*冰淇淋勺10號（直徑6.8公分）」為基準。標記為「1小勺」的則是指30號（直徑4.5公分）的冰淇淋勺。裝飾時使用符合杯子大小的勺子即可。

*註：Horeca指食品服務行業，由飯店(Hotel)、餐廳(Restaurant)及咖啡廳(Café)三詞首字縮寫組成，亦指餐飲設備用品。相關產品可參考佳敏企業http://www.carbing.com.tw、【一鑫餐具行】專業餐具經銷、慶泰餐具等等。

[常用工具]

1__膠囊咖啡機

只要放入膠囊，即可輕鬆萃取濃縮咖啡。
「Nespresso VertuoPlus」咖啡機會讀取每
顆膠囊上的條碼，自動調整水量，也因為
咖啡脂較多，特別適合用於冰飲。
「Nespresso Lattissima」是我用了很久的
咖啡機，用一般的膠囊即可輕鬆萃取濃縮
咖啡，也有製作奶泡的功能，相當方便。
推薦商品 • 1-1 Nespresso VertuoPlus，1-2
Nespresso Lattissima

1-1

1-2

2_摩卡壺

摩卡壺是利用沸水壓力萃取濃縮咖啡。先在下壺裝滿水,將咖啡粉置入粉槽中後加熱,等水沸騰時,蒸氣會讓下壺的水衝向上壺而萃取出濃縮咖啡。價格比膠囊咖啡更便宜,適合新手使用。

推薦商品 • Bialetti比亞樂堤摩卡壺

3_手沖濾壺及手沖壺

這是製作手沖咖啡時常見的工具。將濾紙裝上濾杯後放入咖啡粉,再倒入水即可。倒水時使用的茶壺稱為手沖壺,口徑較細長,便於調整水量。

用手沖壺萃取濃縮咖啡的方式跟前兩項較為不同,萃取出的咖啡會超過1杯的分量,因此咖啡濃度較淡。

推薦商品 • 3-1 Zenithco Dutchup鐵氟龍手沖壺,3-2 Chemex手沖咖啡濾壺經典款

2

3-2

3-1

4_法式濾壓壺

放入咖啡粉及適量的水，待泡出咖啡後，再以濾網分離出咖啡渣。
利用法式濾壓壺泡咖啡時，重點是要使用粗研磨的咖啡豆，才能便於分離咖啡和咖啡渣。
法式濾壓壺通常用來泡茶或咖啡，不過也可製作奶泡。只要倒入加熱好的牛奶，再上下擠壓幾次，就能製作出綿密的奶泡喔！（第217頁）
推薦商品 • Bodum 波頓法式濾壓壺

5_手持攪拌器

想打出細緻鮮奶油時常用的工具。
食材量很大時，我會用「Kenwood傑伍手持攪拌機」，量比較少時，則會用「Philips飛利浦手持式料理魔法棒」。
推薦商品 • Kenwood 傑伍手持攪拌機、Philips 飛利浦手持式料理魔法棒

6_拉花杯

主要用來做拿鐵或卡布奇諾的工具。
我常把加熱好的牛奶裝入拉花杯後，置入迷你電動打泡器（第16頁）來打出奶泡。拉花杯口徑小，直接將牛奶倒入成品杯中或是製作拉花都很方便。

7_食物攪拌機

用於打碎冰塊、水果或攪拌飲品。攪拌機所附的容器，最好能有各種大小。需打碎堅硬的冰塊或大量食材時可使用大容器，需研磨少量水果等食材時，則可以使用小容器。
推薦商品•Tefal特福迷你三合一玻璃攪拌機

8_茶壺

用大容量的茶壺泡茶時，更能讓茶葉自由翻滾舒展，充分泡出茶味。我購買的茶壺主要都是造型茶壺，常用來裝飾擺盤。

9_刨冰機

用於刨出粗粒碎冰。攪打冷凍水果或果汁冰磚時也會用到。也可在飲品成品上放一球刨冰作為裝飾。

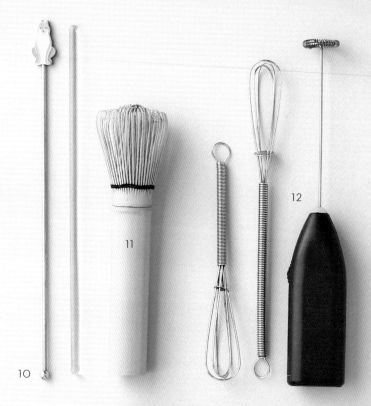

12__迷你手動打蛋器、迷你電動打泡器

攪拌不易溶解的少量食材時，常使用
迷你手動打蛋器；打發少量牛奶時，
常使用迷你電動打泡器。

推薦商品 • IKEA奶泡器

10__咖啡攪拌棒、玻璃棒

用於攪拌少量食材或插入成品杯作為
裝飾。

11__茶刷

以纖細的竹條細密編織而成，常用於
溶解茶粉。

13__篩子

撒上粉末作為裝飾或分離食材時使
用的工具。附有篩網的粉篩罐也很
好用。

14＿濾茶器

　放入茶葉或茶包來泡茶的工具。
造型可愛的濾茶器放入杯子，更
能增添裝飾效果。

15＿秤量工具

　我個人會準備電子秤、量杯和量
匙作為秤量工具。製作飲品時，
可依照個人喜好調整分量，但依
本書建議分量製作會更美味喔！

16_挖球器

用在鳳梨、哈密瓜或西瓜等質地較硬的水果上挖出球形。若製作飲品後，還有剩餘的水果，只要用挖球器用力挖出即可。

17_製冰盒

能製作多種造型冰磚，從基本形狀到特殊造型，種類相當多。
＊了解更多製冰盒　詳見第209頁

18_鏟子、夾子

我專門用來拿取冰磚的工具，使用這些工具會更衛生。

19_榨汁器

榨取檸檬、萊姆、柳橙等柑橘類水果果汁的工具，將水果對半切開後，插入榨汁機的尖處，用力旋轉擠壓即可。

20_冰淇淋勺

我會準備4種尺寸的冰淇淋勺，常用的大型冰淇淋勺為10號，小型冰淇淋勺為30號。搭配杯子口徑選擇即可。
推薦商品 • HoReCa冰淇淋勺8號（直徑7.3公分）、10號（直徑6.8公分）、30號（直徑4.5公分）、40號（直徑4公分）

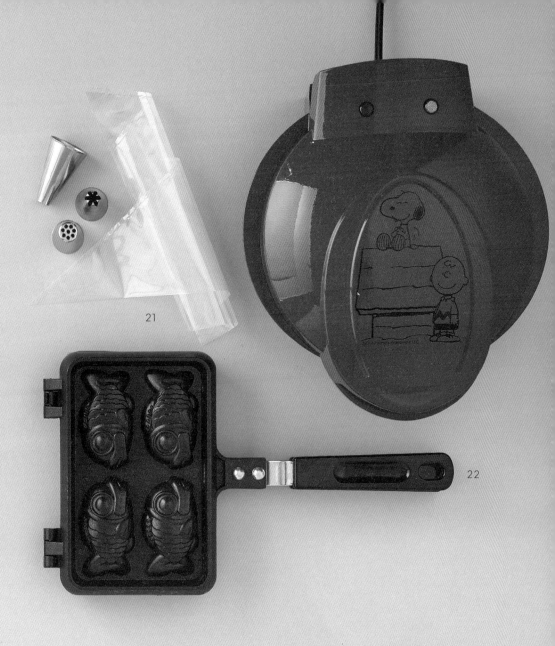

21

22

22_鯛魚燒烤盤、鬆餅機

製作造型可愛的鯛魚燒（第195
頁）、鬆餅（第199頁）時使用的
工具。若多加利用市售鬆餅粉，就
能輕鬆在家做甜點。

推薦商品・史努比鬆餅機（可在網
路上購得、需變壓器）、迷你鯛魚
燒烤盤四條組（可在網路上購得）

21_擠花袋、花嘴

用打發後的鮮奶油裝飾飲品時所用
的工具，最常使用圓形花嘴，若也
能用到星型花嘴、蒙布朗花嘴，會
增添不同效果。

1__咖啡

我會準備膠囊咖啡、摩卡壺咖啡粉，以及即溶咖啡粉這3種。

比較常用到咖啡脂層較厚的即溶咖啡，只要倒入熱水攪拌即可。推薦「Nescafé美式經典濃烈咖啡（第128頁）」。這款即溶咖啡的咖啡脂層會像使用機器沖泡的一樣綿密豐厚。相反地，製作咖啡凍（第137頁）或咖啡冰磚（第145頁）時，我會使用清澈透亮的液狀咖啡「KANU美式黑咖啡－深度烘焙」（第128頁）。

＊製作1份濃縮咖啡的3種方式
用膠囊咖啡機（第12頁）、
用摩卡壺（第13頁）、
或用1包Nescafé美式經典
濃烈咖啡粉（1克）
溶於2大匙熱水

2__花果釀、糖漿、檸檬汁

製作飲品時通常會使用花果釀或糖漿來上色，也會為了讓色彩和味道更豐富而使用市售商品。

製作飲品時使用的糖漿，我喜歡買「Monin」和「1883法國果露」的產品，還有花釀產品網路商店「Woolikkot Yeonguso（우리꽃 연구소）」。檸檬汁主要以「Fior di*」廠牌的產品為主。

*註：義大利品牌，可使用代購或用其他天然檸檬汁替代。

＊了解更多
櫻花釀（第35頁）、玫瑰釀（第35頁）、哈密瓜糖漿（第99頁）、薄荷糖漿（第159頁）、藍柑糖漿（第159頁）

3__食用色素

製作以色彩為重點的飲品時，我會使用少量的食用色素。用牙籤沾點色素後，放入牛奶、氣泡飲或鮮奶油裡，上色效果非常明顯。需注意的是，欲呈現白巧克力色時，要使用巧克力專用色素。本書在食譜上所註明的色素也可省略不加。

＊了解更多
紅色食用色素（第35頁）、各色食用色素（第158頁）、巧克力專用色素（第159頁）

4__沖泡粉

抹茶粉、艾草粉、紫地瓜拿鐵沖泡粉、檸檬水粉等食材，溶解後能為飲品上色及增添風味。也可在最後撒於成品上作為裝飾，或是為日式糰子、鮮奶油等上色。

＊了解更多
抹茶粉（第99頁）、艾草粉（第99頁）、奶油泡芙拿鐵沖泡粉（第127頁）、可可粉（第129頁）、紫地瓜拿鐵沖泡粉（第159頁）、芋頭粉（第159頁）、檸檬水粉（第159頁）

5＿食用花、新鮮香草

食用花、香草是我裝飾時最常用的食材。用於裝飾不錯，製作冰磚時放入也很好看（第207頁）。我通常會在「Green Farm*」網路商店購買，花草植物容易凋謝，所以建議一次購買少量即可。

*註：Green Farm為韓國網路商店，販售多種新鮮蔬菜和食用花朵和香草植物。相關產品可於陽光蔬菜園、迦南農場台南場、晏廷歐亞農場購得

＊了解更多 食用玫瑰花（第35頁）、迷迭香、百里香、蘋果薄荷、茉莉花葉、萊姆葉、麗莎蕨葉（第98頁）、食用琉璃苣花（第159頁）

6＿茶包、乾燥花瓣

我通常會購買皇家伯爵茶、英式早餐茶等紅茶類及多種水果口味的茶包。常用的乾燥花瓣有兩種，洛神花用來增添紅色，蝶豆花用來增添藍色，泡開後倒入即可。不只增添色彩，還可增添香味。

＊了解更多 洛神花（第35頁）、蝶豆花（第159頁）

7＿冷凍水果

需使用無花果、草莓、藍莓等難以在非當季購買的水果時，我會選購冷凍水果。冷凍紅醋栗及冷凍石榴粒在裝飾飲品時相當好用，是我的常備食材之一。

＊了解更多　冷凍紅醋栗（第34頁）、冷凍石榴粒（第34頁）

8＿牛奶、氣泡飲

牛奶及氣泡飲是我最常放入飲品的基本食材。我也常使用水果口味的罐子造型調味乳，若想調整甜度及顏色，我會一併使用市售的飲料飲品，如汽水、Milkis*、檸檬水。*註：韓國碳酸飲品，可用可爾必思加汽水替代。

9＿動物性純生鮮奶油（pure cream）、動物性一般鮮奶油（whipping cream）

動物性純生鮮奶油香味雖好，缺點是保存期限較短，形狀也容易散開。相較之下，動物性一般鮮奶油較容易塑形，保存期限較長，不過風味卻遜色許多。我通常會為了增添香味而使用動物性純生鮮奶油，但要製作穩固的鮮奶油層時，會使用動物性一般鮮奶油。

10＿市售冰淇淋

一整桶的香草口味或綠茶口味的冰淇淋，是我常備的基本食材。除此之外，我也會在飲品插上甜筒冰淇淋或冰棒，為整體造型加分。這時若搭配飲品基底來選擇冰淇淋口味，成品就會更美味。例如，若基底是牛奶，我就會挑選巧克力口味的冰淇淋，若基底是氣泡飲，我就會挑選水果口味的冰淇淋。

＊了解更多
霜淇淋（第120頁）、冰棒（第180頁）、Mini Melts粒粒冰淇淋（第168頁）

11__巧克力製品

市面上可看到多種類型的巧克力製品：①擠出後可畫圖案或寫字的巧克力筆，②附著力高的黏稠巧克力醬，③球型巧克力殼，④需加熱後使用的調溫巧克力，⑤一般巧克力磚，⑥粉末狀的可可粉。這些都常用於裝飾，或者作為飲品的基底。

＊了解更多 巧克力筆（第129頁）、巧克力醬（第128頁）、巧克力殼（第127頁）、巧克力磚（第129頁）、可可粉（第129頁）

12__裝飾食材

以下是在冰淇淋或鮮奶油上最後裝飾點綴時常用的食材。主要有①鮮紅的酒漬櫻桃、②烘焙裝飾食材（糖珠、食用珍珠糖等）和③小餅乾等。

＊了解更多　酒漬櫻桃（第35頁）、巧克力圓珠（第69頁）、棉花糖彩色糖粉（第99頁）、粒粒脆（第128頁）、馬林糖（第158頁）

13__其他

製作果凍時會使用①吉利丁（第137頁）、②蒟蒻粉（第171頁），③糯米粉常用於製作裝飾用的迷你日式糰子（第120頁、第140頁），④香草莢及⑤黑糖可製成增添飲品香味及甜味的糖漿（第126頁）。上述材料可在大型超市或烘焙材料行買到，或上網搜尋購買。

＊了解更多　香草莢（第127頁）、黑糖（第129頁）

[常用杯具]

1__直身杯

這是 Vision Glass 玻璃杯裡最單純的杯型，杯身較長的可盛裝許多冰塊，很適合冰涼的氣泡飲類，杯身較短的可以用在飲品要分兩杯裝的時候。

2__圓弧杯

我通常會在表面用巧克力筆作畫，繪製成可愛的造型杯。也很適合裝表層鋪有滿滿奶泡的飲品。

3__酒杯型

像酒杯一樣有杯柱的杯子，也稱為「高腳杯」。隨著杯子的長度和模樣不同，還細分成好幾種。

TIP_____推薦品牌及購買處

品牌•Vision Glass、Ocean Glass、Toyo-sasaki 東洋佐佐木、Arcoroc、Kinto、Duralex、Crow Canyon home、Kanesuzu、Acme & co.、Doulton 皇家道爾敦
購買處•網路商店、10x10（韓國文具雜貨店）、Miss_Nylong（販售居家生活用品的網路商城）、英國紅磚巷市集

TIP_____杯型索引請見第223頁
以各種杯型區分飲品。建議盡可能利用手邊現有的杯子。

4_瓶罐型

有扁平的口袋瓶、牛奶瓶或造型水瓶等，分成好幾種。尤其適合裝入飲用前須搖晃的飲品。

5_馬克杯

熱飲通常會裝在馬克杯裡。至於想呈現內容物時，我會使用透明耐熱馬克杯，而要強調上半部的裝飾時，則會使用不透明的馬克杯。

6_造型杯

想要用獨特的杯子來帶出重點時，比起紋路華麗的杯子，我更常使用曲線特別的玻璃杯。

7_一口杯

製作濃縮咖啡時常用的小杯子。

熱戀紅粉
red & pink

喚醒你心底最深處的悸動
紅粉色系列飲品

① 應用自製果釀、糖煮水果

草莓釀 / 冷藏可存放1個月

草莓15顆（300克）、砂糖300克、檸檬
汁1大匙

1＿將草莓以流動的水清洗10分鐘，再
　　放入已溶入小蘇打粉的水中10分
　　鐘，取出後洗淨。

2＿洗淨後用廚房紙巾吸乾水分。

3＿拔除蒂頭後切丁。

4＿把所有食材放入大碗中攪拌均勻，
　　置於室溫下30分鐘以上。

5＿裝進消毒過的玻璃容器（第212頁）
　　內，再倒入足量的砂糖（約1大匙）
　　以覆蓋表面。

6＿鋪上保鮮膜後蓋上蓋子，繼續放在
　　室溫下約半天左右，再冷藏保存。

TIP＿＿＿簡易草莓釀（分量約3大匙）

飲料內只需放入少量草莓釀時，可將3
顆草莓切丁，與3大匙砂糖和1/2小匙檸
檬汁混合後，置於室溫下10～15分鐘，
再用叉子壓碎後即可使用。

蘋果釀 / 冷藏可存放1～2週

蘋果1顆（150克，或小蘋果6～8顆）、
砂糖1杯（160克）、檸檬汁1大匙

1＿以小蘇打粉搓洗蘋果後，泡在已溶
　　入小蘇打粉和醋的水中5分鐘。

2＿洗淨後用廚房紙巾吸乾水分。

3＿剖半後除去蘋果籽，切成半月型的
　　薄片。

4＿把所有食材放入大碗中攪拌均勻，
　　置於室溫下30分鐘以上。

5＿裝進消毒過的玻璃容器（第212頁）
　　內，再倒入足量的砂糖（約1大匙）
　　以覆蓋表面。

6＿鋪上保鮮膜後蓋上蓋子，繼續放在
　　室溫下約半天左右，再冷藏保存。

櫻桃釀 / 冷藏可存放 3 個月

櫻桃 30 顆（200克）、砂糖200克、檸檬片 3 片、檸檬汁 1 大匙

1__將櫻桃以流動的水清洗10分鐘，再放入已溶入小蘇打粉的水中10分鐘，取出後洗淨。

2__洗淨後用廚房紙巾吸乾水分。

3__拔除蒂頭後剖半，剝除櫻桃籽後將果肉切丁。

4__把所有食材放入大碗中混合均勻，置於室溫下30分鐘以上。

5__裝進消毒過的玻璃容器（第212頁）內，再倒入足量的砂糖（約1大匙）以覆蓋表面。

6__鋪上保鮮膜後蓋上蓋子，繼續放在室溫下約半天左右，再冷藏保存。

糖煮草莓 / 冷藏可存放7～10天

草莓10顆（或冷凍草莓200克）、砂糖1/4杯（40克）、檸檬汁1小匙

1__將草莓以流動的水清洗10分鐘，再放入已溶入小蘇打粉的水中10分鐘，取出後洗淨。

2__洗淨後用廚房紙巾吸乾水分。拔除蒂頭後切丁。

3__將草莓和砂糖放入鍋中，用小火加熱持續攪拌約5分鐘，直到砂糖完全溶解。

4__轉成中火，放入檸檬汁，撈起泡沫後繼續煮5～10分鐘

5__關火後，等待完全冷卻。

6__裝進消毒過的玻璃容器（第212頁）內，冷藏保存。

糖煮水果（Compote）
把砂糖和水果一起加熱熬煮而成，
糖分約為水果量的1/4～1/5。

② 應用新鮮水果

草莓
產季為冬天到春天，常作為飲料的基底，或製作成水果釀，小顆草莓可製成裝飾用冰磚喔！

蘋果
產季為秋天到冬天，我通常會把大蘋果和小蘋果各別製作成蘋果釀。

櫻桃
北半球產季在夏天，南半球在冬天。製作櫻桃釀時會用新鮮櫻桃，製成冰磚或點綴時則會用鮮豔的酒漬櫻桃。

③ 應用市售商品

冷凍紅醋栗
小型莓果類水果。整串紅醋栗帶梗，很適合用來點綴。
購買處●網路商店

冷凍石榴粒
經過處理，只有石榴粒的冷凍產品。
購買處●網路商店
註：也可購買新鮮石榴使用

Double Bianco 冰淇淋
紅條紋是這款冰淇淋的重點，建議可將上半部取下，裝飾飲品。
註：可購買雅方火把聖代冰淇淋替代

鹽漬櫻花
將食用櫻花用鹽醃製而成，可放入飲品或製作成花朵冰磚。
購買處• Tomiz 富澤商店鹽漬櫻花

紅色食用色素
需要呈現紅色時可使用的液態色素，用牙籤沾取微量色素後加入即可。
購買處• 烘焙材料行或網路烘焙商店

酒漬櫻桃
顏色非常好看，可以拿來點綴。罐裝櫻桃可能會沒有蒂頭，建議購買瓶裝櫻桃。
推薦商品• Collins 帶梗酒漬櫻桃、路奇諾有枝糖漬紅櫻桃

櫻花釀
以食用櫻花製成的香甜花果釀，帶有淡淡的香味。
推薦商品• Woolikkot Yeonguso 櫻花釀、Monin Cherry Blossom 櫻花糖漿

食用玫瑰花
食用玫瑰花只需摘除葉子，即可置於飲品，或製成花朵冰磚。
購買處• 網路商店

粉紅檸檬水粉
能做出粉紅色檸檬水的沖泡粉。
推薦商品• 雀巢粉紅檸檬水粉

櫻花粉
能增添櫻花香味及粉紅色澤的沖泡粉。
推薦商品• Taco 櫻花拿鐵、西雅圖櫻花風味歐蕾

玫瑰釀
以食用玫瑰製成的香甜花果釀，帶有淡淡的香味。
推薦商品• Woolikkot Yeonguso 玫瑰釀

洛神花
我通常會泡乾燥花瓣當茶喝。要呈現亮紅色時很好用。
購買處• 中藥材店或網路商店

吃得到草莓的草莓牛奶

POINT 能吃到草莓也能品味清淡草莓釀的真 · 草莓牛奶。
讓草莓釀和牛奶明顯分層，看起來更繽紛。

1杯／10分鐘

· 草莓2顆＋1顆
· 草莓釀3大匙
　（第32頁）
· 牛奶1又1/4杯
　（250毫升）

TIP　　如果想要享用草莓拿鐵
最上層鋪上奶泡（第59頁步
驟③）或打發後的鮮奶油（第
51頁步驟③），調製成草莓拿
鐵來享用也很棒喔！

1

將2顆草莓洗淨、切丁。

2

於成品杯中放入草莓釀及
步驟①的草莓丁。

3

將湯匙貼著杯壁，緩緩倒
入牛奶。

*牛奶沿著湯匙倒入時可
減少衝擊力，避免混層。

4

把1顆草莓底部劃開後，
插在杯口上。

草莓優格飲

POINT ──── 柔軟療癒的乳白色優格，包裹著鮮紅草莓。
讓草莓的垂直切面緊貼杯身，
呈現甜美又大器的存在感。

1杯／10分鐘

- 草莓1顆＋1顆
- 糖煮草莓2大匙
  （或草莓醬1大匙，第33頁）
- 原味優格1杯（200毫升）
- Granola格蘭諾拉麥片（或穀片）3大匙
- 蘋果薄荷少許

1

2

3

草莓洗淨後去蒂，1顆縱
切成薄片，1顆橫切成薄
片。

將步驟①中縱切草莓片貼
於玻璃杯身。
＊要使用直身杯，草莓才
容易立得起來。

放入糖煮草莓。

4

5

6

再放入原味優格。

均勻鋪入Granola格蘭諾
拉麥片。

放上步驟①的橫切草莓
片，再以蘋果薄荷點綴。

雙櫻桃厚拿鐵

POINT ─── 直接把市售冰淇淋上半移到杯子上就非常吸睛，
也可以試著加上小巧可愛的櫻桃來點綴。

1杯／10分鐘

- 櫻桃2顆
- 櫻桃釀1大匙（第33頁）
- 牛奶1/2杯（100毫升）
- 冰塊適量
- Double Bianco冰淇淋1個（第34頁）
- 酒漬櫻桃（或一般櫻桃）2顆

1　　　　　　　　2　　　　　　　　3

櫻桃洗淨後剖半，取出櫻桃籽後切丁。

於成品杯中放入櫻桃釀和步驟①的櫻桃丁。

放入冰塊。

＊杯中要裝滿冰塊，冰淇淋才不容易下沉溶化。

4　　　　　　　　5

倒入牛奶。

用刀子取下Double Bianco冰淇淋的上半部，放上成品杯，再以酒漬櫻桃點綴即完成。

怦然心動草莓氣泡飲

POINT 從自製草莓雪酪、草莓釀再到草莓冰磚！
各種草莓甜品裝進澄澈透明的直身杯中，
就是一杯怦然心動的草莓氣泡飲。

1杯／20分鐘
（雪酪和冰磚製作
時間另計）

- 草莓1顆
- 草莓釀6大匙
  （第32頁）
- 檸檬汁1小匙
- 氣泡水1杯
  （200毫升）

草莓雪酪（分量約3杯）
- 草莓15顆（300克）
- 檸檬汁1小匙
- 鹽巴少許
- 砂糖1/4杯（40克）
- 水1/4杯（50毫升）

草莓冰磚（或一般冰塊）
- 草莓3～4顆
- 冷開水適量

1

於耐熱容器中裝入製作草
莓雪酪時所需的砂糖和
水，放進微波爐加熱3～
4次，一次加熱30秒，使
砂糖溶解後形成糖漿。

2

將步驟①的糖漿和草莓雪
酪的其餘食材放入攪拌機
中攪碎。

3

將步驟②的食材裝入較深
的容器後冰入冷凍庫，每
2～3小時取出後用叉子
刮3～4下，製成雪酪。

4

用大球型製冰盒（第209
頁）製作草莓冰磚。
*需使用冷開水，冰磚才
會是晶瑩透明的。

5

將草莓洗淨後去蒂，橫切
成薄片。

6

7

於成品杯中依序放入草莓釀和檸檬汁→步驟④的草莓
冰磚→步驟⑤的草莓橫切薄片→氣泡水。

*為了能看到草莓剖面，建議把草莓片塞在冰磚旁
邊，貼於杯身。

舀一勺步驟③的草莓雪酪放上去。

*上端再多放一顆草莓也不錯。

春意盎然櫻花氣泡飲

POINT 在沁涼的透明氣泡飲中,飄浮著鹽漬櫻花,
整杯飲品蕩漾著滿滿的春天氣息!
記得在最後放入粉色的櫻花糖漿,就會漸漸散開形成精緻的質感漸層。

1杯／10分鐘

- 市售鹽漬櫻花5枝
- 氣泡水3/4杯
  （150毫升）
- 冰塊適量
- 百里香少許

櫻花糖漿
- 粉紅檸檬水粉1小匙
- 礦泉水2小匙
- 市售櫻花釀2小匙

TIP＿＿＿購買商品
鹽漬櫻花（第35頁）
粉紅檸檬水粉（第35頁）
櫻花釀（第35頁）

1

將鹽漬櫻花置於溫水中，緩緩攪拌洗去鹽分。反覆2～3次。

2

置於廚房紙巾上，將水分完全吸乾。

3

粉紅檸檬水粉溶入礦泉水後，放入櫻花釀，製成櫻花糖漿。

4
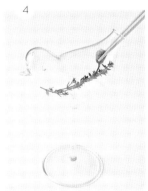
於成品杯中依序放入冰塊、百里香以及步驟②的鹽漬櫻花。

5

倒入氣泡水。

6

最後倒入步驟③的櫻花糖漿即完成。

□ COFFEE ☑ NON COFFEE
□ HOT ☑ ICED
□ FOR KIDS ☑ FOR ADULTS

甜蜜櫻花奶霜拿鐵

POINT ——— 在拿鐵裡營造出淡淡的櫻花風味。
這道曾出現在視覺風咖啡館的一道飲品，
你也可以在家裡試試。

48

1杯／15分鐘

- 市售櫻花粉2大匙
- 熱水2大匙
- 牛奶1/2杯（100毫升）
- 冰塊適量
- 櫻花少許
- 茉莉花葉1片

櫻花奶霜
- 市售櫻花粉2小匙
- 礦泉水2小匙
- 鮮奶油1/4杯
  （50毫升）

TIP　　購買商品
櫻花粉（第35頁）
茉莉花葉（第98頁）

1

將2大匙的櫻花粉溶於熱水中。

2

製作櫻花奶霜：另一個杯子倒入礦泉水後，溶解櫻花粉，再放入鮮奶油。用手持攪拌器輕輕打發，混合均勻至微濃稠狀（還是可以輕易滑落的狀態）。

3

於成品杯中裝入冰塊、倒入牛奶。

4

放入步驟①的食材。
＊由於濃度差異，步驟①的食材會沉到牛奶底下（第210頁）。

5

緩緩倒入步驟②打發的櫻花奶霜。
＊要緩緩倒入，層次才會明顯，不會混層。

6

用櫻花及茉莉花葉點綴。

清涼暢快櫻桃氣泡飲

POINT ——————鮮紅的櫻桃冰磚，讓色彩變得更加鮮豔。
細緻鮮奶油和清涼氣泡水混搭，碰撞出絕妙好滋味。
請一定要品嘗看看！

1杯／15分鐘
（櫻桃冰磚製作時間
另計）

- 櫻桃2顆
- 櫻桃釀2大匙
  （第33頁）
- 氣泡水3/4杯
  （150毫升）
- 迷迭香1枝
- 酒漬櫻桃1顆
- 萊姆葉1片

櫻桃冰磚（或一般冰塊）
- 酒漬櫻桃4顆
- 冷開水適量

鮮奶油霜
- 鮮奶油1/2杯
  （100毫升）
- 砂糖2小匙

1

用球型附孔製冰盒（第
209頁）製作櫻桃冰磚。
*需使用冷開水，冰磚才
會是晶瑩透明的。

2

將洗淨的櫻桃剖半，取出
櫻桃籽後切丁。

3

將鮮奶油霜的食材放入杯
中，用手持攪拌器打發，
直到勾起時形成硬挺不滴
落的尖角。

4

於成品杯中依序放入櫻桃
釀→步驟②的櫻桃丁→步
驟①的櫻桃冰磚。

5

緩緩倒入氣泡水後放入迷
迭香。

6

將步驟③的鮮奶油霜放入
套上花嘴的擠花袋，以繞
圈的方式擠出。最後以酒
漬櫻桃及萊姆葉點綴。

粉紅佳人草莓奶昔

POINT 將草莓釀加入香草奶昔的時候，
要特別注意不要混合，
才能呈現出最自然的粉紅漸層。

1杯／15分鐘

- 草莓3顆＋1顆
- 草莓醬2大匙
  （第32頁）

鮮奶油霜
- 鮮奶油1/2杯
  （100毫升）
- 砂糖2小匙
- 紅色食用色素少許
  （可省略）

香草奶昔
- 香草冰淇淋1勺（90克）
- 冰塊1杯（100克）
- 牛奶1/2杯（100毫升）

1

草莓洗淨，將其中3顆去蒂對切剖半。

2

將鮮奶油霜的食材放入杯中，再用手持攪拌器打發，直到勾起時形成硬挺不滴落的尖角。
*請用牙籤沾取微量食用色素後加入。

3

將香草奶昔的食材放入攪拌機中攪碎。

4

成品杯中裝進步驟③的香草奶昔後，放入草莓醬。
*小心不要讓食材混合，才會出現漸層。

5

將步驟②的鮮奶油霜放入套上花嘴的擠花袋，以繞圈的方式擠出。

6

用步驟①的草莓和剩餘的1顆草莓點綴。

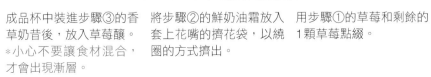

優雅迷人玫瑰氣泡飲

POINT 讓石榴顆粒和玫瑰花瓣懸浮在飲品中，
用大人系飲品的直觀感受，
醞釀出如畫般的浪漫風情。

1杯／10分鐘

- 市售玫瑰釀2大匙
- 氣泡水3/4杯
  （150毫升）
- 小冰塊適量
- 冷凍石榴粒1小匙
- 食用玫瑰花瓣少許
- 百里香少許

TIP____購買商品
玫瑰釀（第35頁）
冷凍石榴粒（第34頁）
食用玫瑰花瓣（第35頁）

將小冰塊放入罐中，約罐
子的一半左右。
*建議可放入方型迷你冰
塊（第209頁）

放入玫瑰釀。

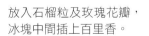

放入石榴粒及玫瑰花瓣，
冰塊中間插上百里香。

倒入氣泡水。
*要依序放入冰塊→玫瑰
釀→氣泡水，玫瑰釀才會
隨冰塊下沉形成漸層。

來杯優雅迷人的，甜蜜玫瑰氣泡飲

浮雲朵朵蘋果牛奶

POINT ——— 蓬鬆綿密的奶泡，
就像空中的片片雲朵，
輕輕放片小蘋果點綴，可愛度更是滿分！

58

1杯／15分鐘

- 小蘋果1顆
- 小蘋果釀2大匙
  （第32頁）
- 牛奶1又1/2杯
  （300毫升）
- 萊姆葉1片

TIP ____ 購買商品
萊姆葉（第98頁）

1

將小蘋果中間部分連蒂頭
切出一片薄片，其餘去核
切半月形薄片。

2

於成品杯中裝入小蘋果
釀，以及步驟①中切半月
形薄片的蘋果。

3

將牛奶放進微波爐加熱2
分30秒後，以迷你電動
打泡器（第16頁）打出
奶泡。

4

只舀出上層的泡沫置於成
品杯。

5

其餘牛奶繞著奶泡畫圈並
緩緩倒入。
*直到奶泡快溢出為止。

6

將步驟①的小蘋果切片輕
輕置於奶泡上，再以萊姆
葉點綴。

□ COFFEE ☑ NON COFFEE
☑ HOT □ ICED
□ FOR KIDS ☑ FOR ADULTS

擁抱蘋果的伯爵

POINT 用浸泡在蘋果釀裡的蘋果薄片作為裝飾，
在口中綻放的甜，配上紅茶的微苦，風味絕配，
茶包可多次回沖，慢慢品味。

1杯／10分鐘

- 蘋果釀切片適量
  （第32頁）
- 檸檬片2片（可省略）
- 蘋果釀1大匙（第32頁）
- 皇家伯爵茶茶包1包
- 熱水1杯（200毫升）
- 小蘋果1顆
- 麗莎蕨葉1片

<u>TIP</u>　購買商品
麗莎蕨葉（第98頁）

1

將蘋果釀切片如照片所示整齊地排成兩排。

2

將一排蘋果釀切片裝入杯中，並於中間位置放入檸檬片及蘋果釀。

3

將步驟①的另一排蘋果釀切片，環繞後放入杯中。

4

中間稍微騰空，輕輕將小蘋果放在上面。

5

將皇家伯爵茶茶包泡於熱水中。

6

將步驟⑤的茶倒入後，以麗莎蕨葉點綴。可以邊喝邊慢慢加入泡開的茶。
＊建議可用肉桂棒攪拌後飲用。

寒冬中的熱葡萄酒

POINT　　酒紅色澤的熱葡萄酒十分誘人，
如果希望呈現出更豐富的顏色，
也可以自由添加肉桂棒、果乾及香草來點綴。

香料熱紅酒（Vin chaud）
在紅酒中加入水果、肉桂等食材
加熱調製的歐式飲品

1杯／40分鐘

- 柳橙1顆
  （或小橘子4顆）
- 檸檬1顆
- 蘋果1顆
- 紅酒1瓶（750毫升）
- 砂糖（或蜂蜜）
  1大匙
- 肉桂棒2條
- 八角3～4顆

將滾水（2杯）倒入玻璃容器內，搖勻後倒置把水倒掉，待完全陰乾，瓶子即消毒完成。裝入熱葡萄酒後可冷藏保存10天。飲用前請先加熱。

用小蘇打粉搓洗柳橙、檸檬和蘋果外皮，再換粗鹽搓洗，最後用清水沖洗。

將步驟①的水果連同外皮切成薄片。

保留些許水果片作為裝飾。其餘的所有食材放入鍋中，以中火煮滾後，轉小火繼續熬煮25～30分鐘。

於杯中放入未煮的水果片及肉桂棒。
*建議放入新的肉桂棒。

倒入步驟③沸騰的葡萄酒。
*最後可用迷迭香、果乾來裝飾。

清新黃澄
yellow & orange

給你一整天的活力好心情
黃橙色系列飲品

⦙1⦙ 應用自製果釀

檸檬釀 / 冷藏可存放3個月

檸檬3顆（300克）、砂糖300克

1_以小蘇打粉搓洗檸檬後，泡在已溶入小蘇打粉和醋的水中5分鐘。

2_洗淨後用廚房紙巾吸乾水分。

3_切成薄片後去籽。

4_將檸檬和砂糖分層裝進消毒過的玻璃容器（第212頁）內，再倒入足量的砂糖（約1大匙）以覆蓋表面。

5_鋪上保鮮膜後蓋上蓋子，繼續放在室溫下約半天左右，再冷藏保存。

金桔釀 / 冷藏可存放3個月

金桔13～14顆（200克）、砂糖200克、檸檬汁1大匙

1_將金桔浸泡於已溶入小蘇打粉的水中30分鐘。

2_洗淨後用廚房紙巾吸乾水分。

3_剖半後去籽，切成厚片。

4_把所有食材放入大碗中混合均勻，置於室溫下30分鐘以上。

5_裝進消毒的玻璃容器（第212頁）內，再倒入足量的砂糖（約1大匙）以覆蓋表面。

6_鋪上保鮮膜後蓋上蓋子，繼續放在室溫下約半天左右，再冷藏保存。

TIP_____水果釀製作注意事項 詳見第212頁

柳橙釀 / 冷藏可存放3個月

柳橙2顆（400克）、砂糖400克、檸檬汁1大匙

1__以小蘇打粉搓洗柳橙後，泡在已溶入小蘇打粉和醋的水中5分鐘。

2__洗淨後用廚房紙巾吸乾水分。

3__切成薄片後去籽。

4__將柳橙和砂糖分層裝進消毒過的玻璃容器（第212頁）內，並在中間倒入檸檬汁。

5__倒入足量的砂糖（約1大匙）以覆蓋表面。

6__鋪上保鮮膜後蓋上蓋子，繼續放在室溫下約半天左右，再冷藏保存。

橘子釀 / 冷藏可存放1個月

橘子6顆（300克）、砂糖300克、檸檬汁1大匙

1__剝開橘子皮後，橫切成4等分。

2__將橘子和砂糖分層裝進消毒過的玻璃容器（第212頁）內，並在中間倒入檸檬汁。

3__倒入足量的砂糖（約1大匙），以覆蓋表面。

4__鋪上保鮮膜後蓋上蓋子，繼續放在室溫下約半天左右，再冷藏保存。

TIP_____簡易柳橙釀、橘子釀（分量約3大匙）

飲料內只需放入少量柳橙釀或橘子釀時，將1/4顆的柳橙（或1顆橘子）與3大匙砂糖和1/2小匙檸檬汁混合後，用叉子壓碎，再置於室溫下10～15分鐘後即可使用。

② 應用新鮮水果、新鮮蔬菜

橘子*
產季為晚秋到冬季，主要製成橘子釀，小顆橘子也可用來製成裝飾用冰磚。

*註：本書橘子小顆且無籽，如用台灣橘子可稍減量，需先去籽

金桔
產季為冬天。小巧的外型相當可愛，適合用於點綴，由於產季偏短，建議製成金桔釀保存。

南瓜
四季皆可購得，深黃色南瓜相當適合製成飲品。

檸檬*
四季皆可購得。有多種用途，如檸檬汁、檸檬釀、檸檬皮帽子、檸檬切片等。

*註：本書使用黃檸檬

芒果
可削皮後食用或切成四方形點綴飲品，在我的手調飲品食譜中，冷凍芒果和新鮮芒果用途相同。

香蕉
芭蕉可用於點綴，而一般香蕉則可製成冰磚、壓碎或榨汁，還可磨成泥增添香味。

葡萄柚
葡萄柚整年可見，加入飲品中會呈現出深橘色。切開時果皮和果肉的顏色形成反差，相當好看，常用於裝飾。

鳳梨
產季為整個春夏。水分豐富，磨碎後製成冰塊也很可口，由於果肉相當扎實，適合製作出造型。

椪柑和柳橙
椪柑和柳橙的產季為冬天。主要用來製成水果釀，有時也會保留球型外皮當容器。

③ 應用市售商品

冷凍百香果
英文為「Passion Fruit」的熱帶水果。市面上販售的冷凍百香果，果肉直接放入飲品時，外觀和香味都很加分。
*註：也可直接使用新鮮百香果替代

黃色食用色素
需要呈現黃色時可使用的液態色素。用牙籤沾取微量色素後加入即可。
購買處 • 烘焙材料行或網路烘焙商店

香蕉牛奶
需要呈現淡黃色及香甜口感時相當好用。也可製成香蕉牛奶口味冰磚。

巧克力圓珠
珍珠外型的巧克力球，色彩豐富，適合用來點綴。
購買處 • 烘焙材料行或網路烘焙商店

柳橙汁
可製成柳橙口味的冰磚，結凍時顏色會變得更深、更好看。

小鴨軟糖
小鴨軟糖可用於裝飾兒童飲料。
推薦商品 • 富味橡皮鴨軟糖，韓國Rubber Duck Gummy小鴨軟糖*
*註：可在蝦皮或淘寶購得

胖嘟嘟維尼香蕉牛奶

POINT ——沒有造型杯怎麼辦？
別擔心，只要用巧克力筆就可以畫出可愛的維尼。
用香蕉牛奶在家做出黃澄澄的臉蛋！

1杯／15分鐘

- 香蕉1根
- 蜂蜜1/2大匙
- 牛奶1/4杯（打奶泡，50毫升）＋1杯（200毫升）
- 巧克力筆1支
- 杏仁片少許
- 迷迭香少許

1

巧克力筆先泡在熱水中軟
化。切出2片1公分厚的
香蕉片，其餘放置於一旁
備用。

2

用巧克力筆在成品杯上畫
出維尼的臉。

＊用圓杯才能做出維尼的
感覺。

3

將步驟①中剩餘香蕉和蜂
蜜放在碗中，用叉子壓碎
製成香蕉糖漿。

4

將1/4杯牛奶放進微波爐
加熱30秒後，以迷你電
動打泡器（第16頁）打
出奶泡。

5

將步驟③的香蕉糖漿和1
杯牛奶放入成品杯中攪拌
均勻。

6

倒入步驟④的奶泡，插上
步驟①的香蕉片作為維尼
的耳朵，再用杏仁片和迷
迭香點綴。

戴上小圓帽的檸檬氣泡飲

加點豐富的想像力，
將檸檬皮當成帽子來點綴。

POINT ——— 加點豐富的想像力，
將檸檬皮當成帽子來點綴。
也可運用在柳橙、萊姆等柑橘類水果製成的飲品！

1杯／15分鐘

- 檸檬1/2顆＋1/2顆
- 蜂蜜2大匙
- 氣泡水3/4杯
  （150毫升）
- 冰塊適量
- 蘋果薄荷少許
- 百里香少許

TIP　　用檸檬釀製作
也可使用2又1/2大匙的檸
檬釀（第66頁）取代食譜中
的檸檬和蜂蜜。

1

取其中1/2顆檸檬,先切
出一片薄片。

2

步驟①中剩下的半顆檸
檬,用榨汁器（第18頁）
榨出2大匙檸檬汁後,拌
入蜂蜜,製成糖漿。

3

材料中另1/2顆檸檬,用
刀子在頂端劃出十字後,
插上蘋果薄荷,製成帽
子。

4

於成品杯中依序放入步驟
②的糖漿→冰塊→步驟①
的檸檬片→百里香。
＊建議使用口徑小的杯
子,好讓步驟③的帽子能
完全蓋上。

5

倒入氣泡水。

6

放上步驟③的帽子。
＊也可將檸檬帽改成插著
吸管的檸檬片來裝飾。

□ COFFEE ☑ NON COFFEE
□ HOT ☑ ICED
☑ FOR KIDS ☑ FOR ADULTS

橘子山脈優格

POINT 用一顆椪柑做出
帶有蓋子的優格碗，
如果還連著一片葉子就更可愛了。

1杯／10分鐘

- 椪柑1顆
- 原味優格1/2杯（100毫升）
- 蜂蜜1小匙
- Granola格蘭諾拉麥片（或穀片）2大匙

1　　　　　　　　2　　　　　　　　3

從椪柑上緣1公分的地方切開，用湯匙插入果皮和果肉中間深處，挖出碗的外型。

用刀子將果肉切成4～6等分。

※小心不要切到果皮。

用湯匙挖出果肉後，切成一口大小。

4　　　　　　　　5　　　　　　　　6

在椪柑挖空後的皮中倒入優格和蜂蜜後，充分攪拌均勻。

放入Granola格蘭諾拉麥片。

放入步驟③的果肉後，疊上步驟①中切下的橘子頂端即完成。

橘子撲通跳入氣泡飲

POINT 整顆小橘子結凍後
撲通跳入氣泡飲裡。
等氣泡飲快喝完時，就換橘子登場！

1杯／10分鐘
（橘子冰磚製作
時間另計）

· 橘子1/2顆
· 橘子釀3大匙（第67頁）
· 檸檬汁1小匙
· 氣泡水3/4杯（150毫升）
· 蘋果薄荷少許

橘子冰磚（或一般冰塊）
· 橘子2顆（小顆）
· 冷開水適量

1

用大球型製冰盒（第209頁）製作橘子冰磚。
＊需使用冷開水，冰磚才會是晶瑩透明的。

2

將1/2顆的橘子去皮之後切成丁。

3

於成品杯中裝入步驟②的橘子、橘子釀和檸檬汁後攪拌均勻。

4

放入步驟①的橘子冰磚。

5

倒入氣泡水，最後用蘋果薄荷點綴。

金黃討喜金桔牛奶

POINT 將香草插在金桔上，
看起來就像是帶了葉子的金桔，
搭配使用造型杯就更可愛了！

1杯／15分鐘

- 金桔1顆
- 金桔釀2大匙（第66頁）
- 牛奶1又1/4杯（250毫升）
- 蘋果薄荷少許

1	2	3

用刀子於金桔底端深深劃出十字後，插上蘋果薄荷作為葉子。	於成品杯中裝入金桔釀。	將牛奶放進微波爐加熱2分鐘後，以迷你電動打泡器（第16頁）打出奶泡。

4	5	6

只舀出上層的泡沫置於成品杯。	其餘牛奶繞著奶泡畫圈並緩緩倒入。 ＊直到奶泡快溢出為止。	將步驟①中用刀劃過的金桔插在杯緣上。

柳橙比安科漸層四重奏

POINT ─── 利用濃度差與溫度差形成分層（第210頁），
以柳橙釀、牛奶、咖啡和奶霜
完成多層次夢幻漸層的視覺饗宴！

比安科（Bianco）
義大利文，意思是白色、
白酒，廣義來說也是指
添加柳橙的咖啡。

1杯／15分鐘

- 柳橙1/2顆
- 柳橙釀1又1/2大匙
  （第67頁）
- 牛奶1/2杯
  （100毫升）
- 濃縮咖啡1份
  （第21頁）
- 冰塊適量
- 麗莎蕨葉1片

鮮奶油霜
- 鮮奶油1/4杯
  （50毫升）
- 砂糖1小匙

TIP　　購買商品
麗莎蕨葉（第98頁）

1

將柳橙切下一半月形薄片後，其餘去皮後切丁。

2

將鮮奶油霜的食材放入杯中，用迷你電動打泡器（第16頁）混合均勻至微濃稠狀（仍可輕易滑落的狀態）。

3

將步驟①中的柳橙丁和柳橙釀置於成品杯中，充分攪拌均勻。

4

放入冰塊後，依序倒入牛奶→濃縮咖啡。

＊牛奶和咖啡要倒在冰塊上，才不會造成混層（第210頁）。

5

緩緩倒入步驟②打發的鮮奶油霜。

＊要緩緩倒入，層次才會明顯，不會混層。

6

用步驟①中的柳橙片和麗莎蕨葉點綴。

漂浮小鴨柳橙氣泡飲

POINT 　　將柳橙汁倒入小鴨製冰盒，做出黃澄澄的冰磚。
由於冰磚是以果汁製成，冰磚融化後，
氣泡飲裡的柳橙味就會更濃郁。

1杯／15分鐘
（柳橙汁冰磚製作時間
另計）

- 柳橙1顆
- 柳橙汁1/2杯
  （製冰用，100毫升）
- 蜂蜜1大匙
- 檸檬汁1小匙
- 氣泡水3/4杯
  （150毫升）
- 百里香少許
- 小鴨軟糖1～2顆

TIP　　購買商品
小鴨軟糖（第69頁）

1

將柳橙汁倒入製冰盒，製
成冰磚。
*利用動物造型矽膠製冰
盒（第209頁）製冰，就
能製作出可愛的冰磚。

2

柳橙對半切開，將其中一
半的柳橙用榨汁器（第
18頁）榨出約3大匙的柳
橙汁。

3

另一半的柳橙切出一片薄
片後，其餘去皮後切丁。

4

於成品杯中放入步驟①的
柳橙汁冰磚。

5

將步驟③中切丁的柳橙、
蜂蜜和檸檬汁攪拌後，放
入成品杯中。

6

倒入氣泡水，以步驟③的
柳橙薄片、百里香和小鴨
軟糖點綴。

綿密鳳梨刨冰

POINT ──感受細緻的鳳梨碎冰融化在嘴裡，
不需要刨冰機也能品嘗刨冰滋味。
多出來的鳳梨及鳳梨葉也可以作為點綴。

1杯／15分鐘
（鳳梨刨冰製作時間
另計）

- 鳳梨 1/4 顆＋1/4 顆
- 蜂蜜 1 大匙
- 水 1/2 杯（100 毫升）
- 煉乳 1 大匙
- 酒漬櫻桃 1 顆

1　將 1/4 顆鳳梨切成一口大小，另外 1/4 顆鳳梨以挖球器（第18頁）挖出3球左右。

2　將步驟①中一口大小的鳳梨、蜂蜜和水放入攪拌機攪碎。

3　將步驟②攪碎的食材置於密封袋中，鋪平壓扁後冷凍4小時以上。
＊沒有刨冰機時，壓扁後冷凍即可製作出碎冰。

4　用冰淇淋勺舀出步驟③碎冰，放入成品杯中裝滿。
＊用冰淇淋勺來舀，形狀會更好看！

5　淋上煉乳後，用步驟①中挖球器挖出的鳳梨和酒漬櫻桃點綴。
＊也可用鳳梨葉點綴。

熱帶水果狂想曲

——————兩種熱帶水果的結合！
前奏來段芒果旋律，
中間穿插百香果的即興演出，絕對驚艷。

1杯／15分鐘

- 百香果1顆（新鮮或冷凍百香果皆可）
- 蜂蜜2大匙
- 芒果1/2顆
- 氣泡水3/4杯（150毫升）
- 冰塊適量
- 萊姆片2片
- 百里香少許

1

百香果剖半後，用湯匙挖出果肉。

2

將百香果果肉和蜂蜜混合均勻。

3

以芒果中間果核為中心，切下兩邊果肉。

4

如照片所示，劃幾刀後切下果肉。

5

於成品杯中放入冰塊後，將萊姆片貼於杯壁，再倒入步驟②的食材。
※放入冰塊→步驟②後，百香果籽會浮起，讓飲品視覺效果變得更活潑。

6

倒入氣泡水。

TIP ____ 購買商品
冷凍百香果（第69頁）

TIP ____ 芒果百香果雪酪作法（參考第44頁步驟①～③）
將芒果100～150克及糖漿（砂糖加水微波加熱至溶解）
放入攪拌機攪碎後，再與百香果果肉50克及少許鹽巴混
合。放入冷凍庫後每2～3小時用叉子刮3～4下，即完
成雪酪。可舀一勺雪酪放入飲品中取代步驟⑦的芒果。

7

放上步驟④的芒果果肉後，再以百里香點綴。

POINT 利用隨手醃製的葡萄柚製成水果茶。
造型可愛的濾茶器裡藏著茶包，
更能加深葡萄柚的顏色。

元氣UP UP蜂蜜葡萄柚茶

1杯／10分鐘

- 葡萄柚1/4顆＋1/4顆
- 蜂蜜2大匙
- 英式早餐茶茶包1包（或其他茶包）
- 熱水3/4杯（150毫升）
- 迷迭香1枝

將1/4顆葡萄柚果肉去皮切丁，與蜂蜜攪拌後製成醃製葡萄柚。另1/4顆葡萄柚切出2片薄片，其餘備用（A）。

用手將步驟①中備用的葡萄柚（A）擠出約2大匙的葡萄柚汁。

將茶包置於濾茶器中（第17頁）。

＊若使用造型濾茶器，就會更可愛喔！

於成品杯中放入步驟①的醃製葡萄柚和步驟②的葡萄柚汁，攪拌均勻。

將步驟①的2片葡萄柚薄片貼附兩側杯壁，如照片所示。

放入步驟③的濾茶器後，注入熱水，再以迷迭香點綴即完成。

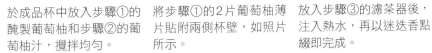

不給糖就搗蛋！香甜南瓜牛奶

POINT　充滿萬聖節氛圍的南瓜牛奶組合。
一旁再放上蜘蛛和骷髏頭，
萬聖節的氣氛就會更加濃厚。

1杯／30分鐘

- 南瓜1/4顆
  （約150克）
- 蜂蜜1大匙
- 牛奶1杯（200毫升）
- 巧克力殼3～4個
- 巧克力圓珠少許
- 巧克力筆2支
  （黑色、白色）

鮮奶油霜
- 鮮奶油1/2杯
  （100毫升）
- 砂糖2小匙

TIP　　購買商品
巧克力殼（第127頁）
巧克力圓珠（第69頁）
巧克力筆（第129頁）

1

縫隙

南瓜去皮、去籽後切丁，
裝入碗中鋪上保鮮膜後，
放進微波爐加熱3～4分
鐘煮熟。
＊鋪保鮮膜時，請稍微留
點縫隙。

2

用巧克力筆在巧克力殼上
作畫，如照片所示。
＊請先將巧克力筆泡在熱
水中軟化。

3

將步驟①的南瓜、蜂蜜和
牛奶放入攪拌機中攪碎，
再移至耐熱容器內，放進
微波爐加熱2分鐘，之後
取出放涼備用。

4

將鮮奶油霜所需食材放入
杯中，用手持攪拌器打
發，直到勾起時形成硬挺
不滴落的尖角後，裝入套
上花嘴的擠花袋。

5

於成品杯中裝入步驟③，
再以繞圈的方式擠出步驟
④的鮮奶油霜。
＊請特別留意，若飲料太
燙，鮮奶油可能會溶化。

6

以步驟②的巧克力殼和巧
克力圓珠點綴。

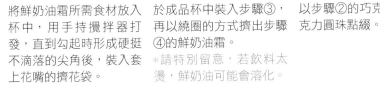

鮮活青綠

green

帶來一抹自由舒適的清新療癒
青綠色系列飲品

1 應用自製果釀

萊姆釀 / 冷藏可存放3個月

萊姆3顆（300克）、砂糖300克

1__以小蘇打粉搓洗萊姆後，泡在已溶入小蘇打粉和醋的水中5分鐘。

2__洗淨後用廚房紙巾吸乾水分。

3__切成薄片。

4__將萊姆和砂糖分層裝進消毒過的玻璃容器（第212頁）內，再倒入足量的砂糖（約1大匙）以覆蓋表面。

5__鋪上保鮮膜後蓋上蓋子，繼續放在室溫下約半天左右，再冷藏保存。

青葡萄釀 / 冷藏可存放1～2週

青葡萄2杯（200克）、砂糖200克、檸
檬汁1大匙

1＿將青葡萄浸泡於已溶入小蘇打粉的
　水中30分鐘。

2＿冷水洗淨後用廚房紙巾吸乾水分再
　剖半。

3＿把所有食材放入大碗中攪拌均勻，
　置於室溫下30分鐘以上。

4＿裝進消毒過的玻璃容器（第212頁）
　內，再倒入足量的砂糖（約1大匙）
　以覆蓋表面。

5＿鋪上保鮮膜後蓋上蓋子，繼續放在
　室溫下約半天左右，再冷藏保存。

TIP＿＿＿簡易青葡萄釀（分量約2大匙）

飲料內只需放入少量青葡萄釀時，可將
磨碎的4粒青葡萄與1又1/2大匙砂糖和
1/2小匙檸檬汁混合後，置於室溫下
10～15分鐘後即可使用。

奇異果釀 / 冷藏可存放1～2週

奇異果3顆（180克）、砂糖180克、檸
檬片1片、檸檬汁1大匙

1＿奇異果去皮後切成薄片。

2＿將奇異果和砂糖分層裝進消毒過的
　玻璃容器（第212頁）內，並在中
　間放入檸檬片、倒入檸檬汁。

3＿倒入足量的砂糖（約1大匙）以覆
　蓋表面。

4＿鋪上保鮮膜後蓋上蓋子，繼續放在
　室溫下約半天左右，再冷藏保存。

TIP＿＿＿簡易奇異果釀（分量約3大匙）

飲料內只需放入少量奇異果釀時，可將
壓碎的2/3顆奇異果與3大匙砂糖和1/2
小匙檸檬汁混合後，置於室溫下10～15
分鐘後即可使用。

② 應用新鮮水果、香草

萊姆
四季皆可購得，如檸檬般有多種用途，像是做成萊姆汁、萊姆釀、萊姆皮帽子、萊姆切片等。
*註：本書使用綠萊姆

酪梨
乳香味濃厚，適合搭配以牛奶為基底的冰沙或奶昔。淺綠色的果肉相當好看，適合用來點綴。

青葡萄
製作成水果釀或是整顆放入飲料中都很漂亮。非常適合搭配清涼的氣泡飲。

奇異果
整年都能看到。奇異果酸味較重，製作成奇異果釀時會變得相當美味。剖面非常好看，也可以切成薄片用來點綴。

香草
在以水或氣泡飲為基底的飲料中放入香草時，會呈現出青翠的綠色、發出淡淡的香味。香草植物也是我最常拿來裝飾的食材之一。
①迷迭香、②百里香、③蘋果薄荷、④茉莉花葉、⑤萊姆葉、⑥麗莎蕨葉
購買處 • 新鮮香草可於花市、農場、進口超市及相關網路商城購買。

▽3 應用市售商品

綠茶冰淇淋
可舀出一勺後裝飾，或作為奶昔食材。
推薦商品 • Haagen-Dazs哈根達斯綠茶口味

抹茶粉
將茶葉磨成細緻的粉末狀，味道和香氣都相當濃厚。
推薦商品 • Tastar Tea抹茶*
*註：可在網路上購得或用其他抹茶粉替代

抹茶拿鐵粉
是指加上糖分和乳脂的抹茶粉，用於製作抹茶拿鐵。
推薦商品 • Starbucks星巴克VIA抹茶粉

哈密瓜糖漿
常用於氣泡飲裡增添哈密瓜香，也適合加入冰磚。
推薦商品 • Suntory三得利哈密瓜糖漿*
*註：可在網路上購得

棉花糖彩色糖粉
原本是製作棉花糖使用的糖粉，也可用來裝飾杯緣。
推薦商品 • Kkotpineun Somsatang (꽃피는 솜사탕) 彩色糖粉*
*註：可在網路上購得

艾草粉
散發濃郁艾草香的沖泡粉，適合以牛奶為基底的飲品。
推薦商品 • Incha艾草粉
*註：可在網路上購得

綠色食用色素
需要呈現綠色時可使用的液態色素。用牙籤沾取微量色素後加入即可。
購買處 • 烘焙材料行或網路烘焙商店

開心果
剝除外殼後，表皮呈綠色的堅果類。顏色相當漂亮，適合點綴。

細緻柔滑抹茶拿鐵

POINT　關鍵是抹茶拿鐵中不添加過多的苦澀抹茶粉。
用果糖替代砂糖，
口感會更滑順，不苦澀。

1杯／10分鐘

- 抹茶粉1大匙
- 熱水3大匙
- 果糖1又1/2大匙
- 牛奶1/2杯
　（100毫升）

TIP　　購買商品

抹茶粉（第99頁）

TIP　　善用市售抹茶拿鐵粉

可以用一包Starbucks星巴克VIA抹茶粉（17克，第99頁）取代抹茶粉及果糖。此時請省略步驟②和③。

將抹茶粉溶於熱水中。
＊請使用茶刷（第16頁）或迷你手動打蛋器，讓粉末完全溶解。

倒入果糖後攪拌均勻。

過篩。

於成品杯中倒入牛奶和步驟③的食材。

充分攪拌均勻即可。

□ COFFEE ☑ NON COFFEE
□ HOT ☑ ICED
☑ FOR KIDS ☑ FOR ADULTS

漂浮果核酪梨冰沙

POINT 冰沙完成後，將一個巧克力殼放在上面，
彷彿是酪梨果核，充滿造型巧思。
搭配酪梨果肉一起享用時，口感更是加分。

2杯／15分鐘

- 酪梨1顆
- 香蕉1/2條
- 牛奶1/2杯
  （100毫升）
- 蜂蜜1大匙
- 冰塊1杯（100克）
- 巧克力殼2個

TIP　　挑選酪梨

酪梨皮呈深咖啡色，輕輕壓下時若觸感柔軟，表示已經熟成。

TIP　　購買商品

巧克力殼（第127頁）

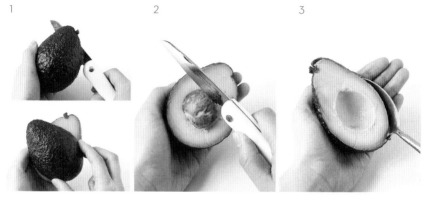

1
以酪梨果核為中心用刀劃出一圈，再左右扭轉，即可分成兩半。

2
用刀敲擊果核即可取出。

3
用湯匙完整挖出1/2顆酪梨的果肉。

4
切成一口大小。

5
將另一半酪梨、香蕉、牛奶、蜂蜜和冰塊放入攪拌機中攪碎。

6
裝入兩個杯子後，分別放入一口大小的酪梨和巧克力殼。

森林裡的艾草布奇諾

POINT 這款溫暖的艾草飲品,厚厚一層奶泡就宛如卡布奇諾般。
將艾草粉滿滿撒在奶泡上,
整杯飲品就像是森林裡的翠綠樹精靈!

1杯／15分鐘

- 艾草粉1又1/2大匙
- 熱水1/2杯
  （100毫升）
- 煉乳1又1/2大匙
- 牛奶1又1/2杯
  （300毫升）
- 蘋果薄荷
  （或茉莉花葉）少許

TIP　　購買商品
艾草粉（第99頁）

1

2

3

將艾草粉溶於熱水之後再過篩。

倒入煉乳攪拌均勻。

將牛奶放進微波爐加熱2分30秒後，以迷你電動打泡器（第16頁）打出奶泡。

4

5

6

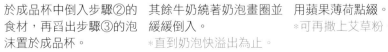

於成品杯中倒入步驟②的食材，再舀出步驟③的泡沫置於成品杯。

其餘牛奶繞著奶泡畫圈並緩緩倒入。
＊直到奶泡快溢出為止。

用蘋果薄荷點綴。
＊可再撒上艾草粉。

綠油油抹茶咖啡拿鐵

POINT 一杯同時享用抹茶和咖啡的濃醇拿鐵。
抹茶、牛奶、咖啡、奶霜，
各食材層層分明、一目了然。

106

1杯／15分鐘

· 抹茶粉1大匙
· 熱水3大匙
· 果糖2大匙
· 牛奶1/2杯（100毫升）
· 濃縮咖啡1份
  （第21頁）
· 冰塊適量
· 麗莎蕨葉1片

抹茶奶霜
· 抹茶粉1小匙
· 砂糖1小匙
· 熱水3大匙
· 鮮奶油1/4杯（50毫升）

TIP　購買商品
抹茶粉（第99頁）
麗莎蕨葉（第98頁）

1
將1大匙抹茶粉溶於熱水中，跟果糖混合後過篩。
＊果糖比砂糖更容易混合均勻。

2
製作抹茶奶霜：除鮮奶油外，將其餘所需食材置於杯中攪拌後，靜置冷卻。倒入鮮奶油後，用手持攪拌器輕輕打發，混合均勻至微濃稠狀（仍可輕易滑落的狀態）。

3
於成品杯中依序放入步驟①的食材→冰塊。

4
將牛奶倒在冰塊上。
＊牛奶要倒在冰塊上才不會混層（第210頁）。

5
將濃縮咖啡倒在冰塊上。
＊咖啡要倒在冰塊上才不會混層（第210頁）。

6
緩緩倒入步驟②的抹茶奶霜，再以麗莎蕨葉點綴。
＊可再撒上抹茶粉。

清爽怡人萊姆茶

POINT 一款散發優雅雞尾酒氣氛的茶品。
同樣的茶品裝入不同杯型、配上不同裝飾,
也能呈現截然不同的氛圍!

1杯／10分鐘

· 萊姆釀1大匙（第96頁）
· 萊姆釀切片4～5片（第96頁）
· 熱水3/4杯（150毫升）
· 百里香少許
· 覆盆莓1顆

1

於成品杯中裝入萊姆釀。

2

將萊姆釀切片一片片放入
杯中。

3

倒入熱水。

4

最後以百里香和覆盆莓點
綴即完成。

沁涼暢快零酒精莫希托

POINT ——— 就算大口暢飲也不會喝醉的沁涼莫希托。
在杯緣沾附棉花糖彩色糖粉，
不僅增加甜味，也讓視覺效果更加豐富。

1杯／15分鐘

- 萊姆1/2顆
- 蘋果薄荷5片左右＋少許
- 冰塊適量
- 氣泡水1/2杯（100毫升）
- 蜂蜜少許＋1又1/2大匙
- 棉花糖彩色糖粉
  （或一般砂糖）1大匙

TIP　　挑選蜂蜜
附著在杯緣的蜂蜜建議選用較濃稠的蜂蜜。（推薦美國Barkman 蜂蜜 Busy Bee: Pure Clover Honey）製作飲料用糖漿時，建議選用較稀薄的蜂蜜。（推薦糖水蜜、百花蜜）

TIP　　購買商品
棉花糖彩色糖粉（第99頁）

1

倒入少許蜂蜜於碗中，將杯子倒放，讓杯緣沾附上蜂蜜。

＊使用較黏稠蜂蜜時更能附著。

2

另取一只碗裝入棉花糖彩色糖粉，再用步驟①的杯子沾附糖粉。

3

從1/2顆萊姆上切下一片萊姆片，再對切。其餘萊姆以榨汁器（第18頁）榨出1大匙萊姆汁。

4

將5片蘋果薄荷、步驟③的萊姆汁、1又1/2大匙蜂蜜裝入碗中，一邊弄碎薄荷一邊攪拌均勻。

5

於成品杯中裝入冰塊、步驟③的萊姆片和步驟④的食材。

6

倒入氣泡水後，以蘋果薄荷點綴。

＊倒入氣泡水時，小心不要碰到杯緣的糖粉喔！

撞色奇異果氣泡飲

POINT 利用冰塊層製作出神祕漸層，
呈現奇異果釀和洛神花茶的顏色對比，
飲用前別忘了攪拌均勻。

1杯／25分鐘

- 洛神花5朵
- 熱水2大匙
- 氣泡水3/4杯
  （150毫升）
- 冰塊適量
- 百里香少許
- 冷凍石榴粒5粒

簡易奇異果釀
（分量約3大匙）
- 奇異果2/3顆
- 砂糖3大匙
- 檸檬汁1/2小匙

TIP＿＿＿購買商品
洛神花（第35頁）
冷凍石榴粒（第34頁）

1

將製作簡易奇異果釀的奇
異果放入攪拌機中攪碎。

2

加入砂糖、檸檬汁混合之
後，放置於室溫下10～
15分鐘。

*需特別留意，攪碎的奇
異果放室溫過久會變色。
也可將熟成的奇異果釀
（第97頁）壓碎後使用。

3

將洛神花泡於熱水中4～
5分鐘。

4

於成品杯中裝入步驟②的
食材。

5

放入冰塊、百里香、石榴
粒後，倒入氣泡水。

6

倒入步驟③的洛神花茶。
*花朵不要放入喔！

粒粒青葡萄雪酪氣泡飲

POINT————用青葡萄釀、青葡萄雪酪，加上青葡萄粒交織出青春三重奏。
飲品中放入整顆青葡萄，不只增添風味，也加強了視覺效果。
用小湯匙輕輕挖下一口雪酪，慢慢品嘗吧！

1杯／25分鐘
（青葡萄雪酪製作時間
另計）

青葡萄雪酪（分量約3杯）
· 青葡萄300克
· 檸檬汁1小匙
· 鹽巴少許
· 砂糖1/4杯（40克）
· 水1/4杯（50毫升）

簡易青葡萄釀
（分量約2大匙）
· 青葡萄4顆
· 砂糖1又1/2大匙
· 檸檬汁1/2小匙

1

2

於耐熱容器中裝入製作青葡萄雪酪時所需的砂糖和水，放進微波爐加熱3～4次，一次加熱30秒，使砂糖溶解後形成糖漿。

將步驟①的糖漿和青葡萄雪酪的其餘食材放入攪拌機中攪碎。

3

4

裝入較深的容器後冰入冷凍庫，每2～3小時用叉子刮3～4下，製成雪酪。

將製作簡易青葡萄釀所需的青葡萄放入攪拌機攪碎後，與砂糖、檸檬汁混合均勻。放置於室溫下10～15分鐘。
*也可將熟成的青葡萄釀（第97頁）壓碎後使用。

- 青葡萄6顆
- 氣泡水3/4杯
  （150毫升）
- 冰塊適量
- 百里香少許
- 冷凍紅醋栗6～7顆
- 萊姆片3片

TIP　　　購買商品
冷凍紅醋栗（第34頁）

TIP　　　善用青葡萄雪酪
剩餘青葡萄雪酪可直接品嘗，
也可加在市售檸檬水或汽水中享用。

於成品杯中裝入步驟④的青葡萄釀、冰塊、青葡萄和百里香。

倒入氣泡水後，舀一勺步驟③的青葡萄雪酪後放上。再以紅醋栗和萊姆片點綴。

□ COFFEE　☑ NON COFFEE
□ HOT　☑ ICED
□ FOR KIDS　☑ FOR ADULTS

遇見草莓的抹茶拿鐵

POINT 微苦的抹茶和市售草莓牛奶相遇，
融合成柔順香甜的口感。
加點珍珠粉圓（第151頁）更豐富。

1杯／10分鐘

- 抹茶粉1小匙
- 熱水3大匙
- 草莓牛奶1/2杯
  （100毫升）
- 冰塊適量
- 綠茶冰淇淋1勺
- 草莓1顆

TIP　　購買商品

抹茶粉（第99頁）
綠茶冰淇淋（第99頁）

1

將抹茶粉溶於熱水中。

2

於成品杯中裝入冰塊後倒入草莓牛奶。

3

將步驟①溶解的抹茶倒在冰塊上。
*抹茶要倒在冰塊上才不會混層（第210頁）。

4

放上綠茶冰淇淋。

5

最後以草莓點綴即完成。

來自外太空的哈密瓜汽水

POINT

利用市售哈密瓜糖漿就能呈現出哈密瓜的色香味。
再加上親手製作的外星人糰子插在大冰淇淋上，
更增添星際的異世界氛圍。

1杯／40分鐘

- 霜淇淋甜筒1個
- 市售哈密瓜糖漿2大匙
- 氣泡水1/2杯
  （100毫升）
- 冰塊適量
- 酒漬櫻桃2顆

外星人糰子（分量約4顆）

- 糯米粉50克
- 砂糖1/2小匙
- 鹽巴少許
- 綠色食用色素少許
- 熱水35毫升
  （依糯米粉狀態調整）
- 巧克力筆2支
  （黑色、白色）

TIP　　購買商品

哈密瓜糖漿（第99頁）
食用色素（第99頁）
巧克力筆（第129頁）

TIP　　霜淇淋甜筒

可用「Cledor煎餅甜筒牛奶口味」。

*註：也可改用小美的大盛冰淇淋

1

將糯米粉、砂糖、鹽巴和食用色素放入密封袋後，淋上少許熱水，持續揉捏至表面光滑。

*也可用抹茶粉取代食用色素。

2

如照片所示，揉捏出外星人的造型。

*揉捏時，手沾點熱水才不易黏手。

3

將步驟②的糰子用滾水持續以小火煮4～5分鐘，輕輕攪拌以免黏鍋，浮起即熟透。煮熟後撈起，浸泡於冰水中。

4

待表面水分蒸發後，用巧克力筆畫出眼睛和嘴巴。

*請先將巧克力筆泡在熱水中軟化。

5

於成品杯中放入冰塊、哈密瓜糖漿、酒漬櫻桃，再倒入氣泡水。

6

倒插上霜淇淋甜筒後再放上步驟④的糰子。

大眼仔綠茶奶昔

POINT 　利用綠茶冰淇淋、開心果和棉花糖
做出醜萌醜萌的大眼仔。
試著用巧克力筆畫出各種表情吧！

1杯／20分鐘

- 巧克力筆3支
  （白色、黑色、綠色）
- 棉花糖1顆
- 綠茶冰淇淋1勺
- 開心果2顆

綠茶奶昔
- 綠茶冰淇淋1勺（90克）
- 牛奶1/2杯（100毫升）
- 冰塊1杯（100克）

TIP　　購買商品
綠茶冰淇淋（第99頁）
巧克力筆（第129頁）

1
用巧克力筆於成品杯上畫出嘴巴。
*請先將巧克力筆泡在熱水中軟化。要使用圓杯才會像大眼仔。

2
棉花糖剖半後，用巧克力筆畫出眼睛。

3
將綠茶奶昔的食材放入攪拌機攪碎。

4
於成品杯中裝入步驟③的奶昔。

5
放上綠茶冰淇淋。

6
用步驟②的棉花糖當眼睛，再用開心果當耳朵。

沉穩咖啡
brown

最暖心的療癒系手調
咖啡色系列飲品

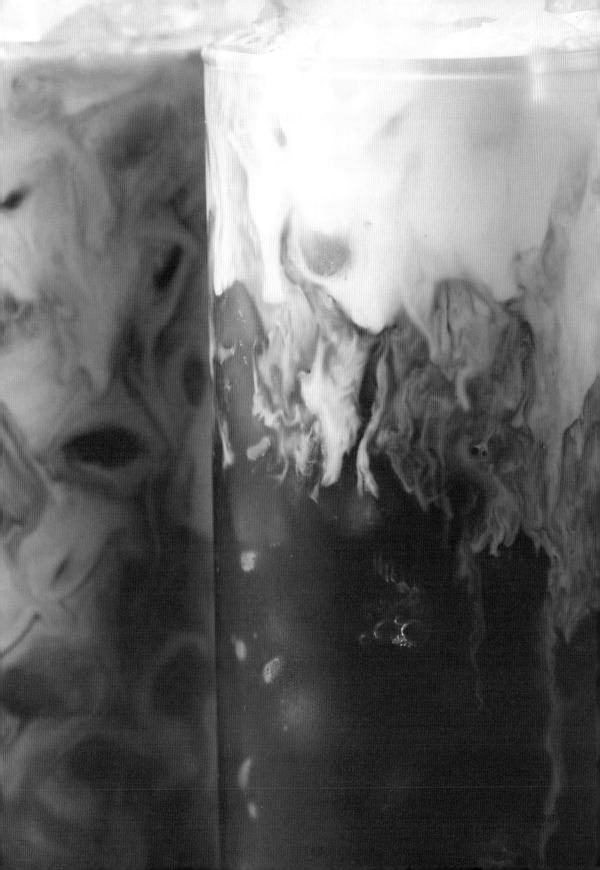

1 應用自製糖漿

香草莢糖漿 / 冷藏可存放1個月

香草莢2～3條（第127頁）、水2杯（400毫升）、砂糖2杯（320克）

1＿將香草莢縱切剖半後，刮出香草籽（第131頁）。

2＿準備一鍋水，待小火煮滾後放入砂糖，無須攪拌，靜置等待其完全溶解即可。

3＿再放入香草籽和香草莢，以小火煮滾2～3分鐘，無須攪拌，關火後待其完全冷卻。

4＿裝入消毒過的玻璃容器（第212頁）後置於室溫下，過3天入味後，挑出香草莢，冷藏保存。

＊冷藏1週後再享用更美味！

黑糖糖漿 / 室溫可存放1個月

黑糖100克（第129頁）、水1/2杯（100毫升）、即溶咖啡粉1/2包（0.5克，可省略）

1＿將黑糖和水倒入鍋中，以小火加熱煮滾5～10分鐘，無須攪拌。

2＿倒入咖啡粉，溶解後關火，待其完全冷卻。

＊加入咖啡粉是為了增添色澤，也可省略。

3＿裝入消毒過的玻璃容器（第212頁），置於室溫下保存。

② 應用市售商品

雀巢 Nesquik 高鈣巧克力飲品
可泡入牛奶或水中，是帶有巧克力口味的
沖泡粉。
購買處 • 大型超商、網路商店

冰滴咖啡
可購買浸泡於冷水中的咖啡「冷萃咖啡」。
由於沒有咖啡脂層，香味較淡，適合製作
飲品分層或咖啡冰磚。
購買處 • 便利商店、大型超商

麵茶
味道純樸、香濃，適合製作兒童飲品，也
可撒在飲品上作為裝飾。

香草莢
可將乾燥香草籽製成糖漿（第126頁），
或放入牛奶中煮沸，煮出香味。
購買處 • 烘焙材料行或網路烘焙商店

巧克力殼
中空的裝飾用球型巧克力，我通常會在巧
克力殼表面作畫來裝飾。
購買處 • 烘焙材料行或網路烘焙商店

奶油泡芙拿鐵沖泡粉
在韓國咖啡廳常見的奶油泡芙拿鐵的基底
沖泡粉，也可添加於鮮奶油中增添風味。
推薦商品 • Big Train Choux Cream Latte
沖泡粉*

*註：可在代購網(10x10網站)上搜尋購得

Oreo 奧利奧餅乾
我通常會和牛奶、冰塊一起磨碎後製成奶昔，迷你奧利奧餅乾則適合裝飾。

即溶咖啡粉
即溶咖啡的咖啡脂層相當濃厚，清澈透亮的液狀咖啡適合製作冰磚。
推薦商品 • Nescafé 美式經典濃烈咖啡 *、KANU 美式黑咖啡－深度烘焙迷你包
*註：可在網路上購得

Jolly Pong*
口感相似於穀片，適合倒在以牛奶為基底的飲品上。
*註：可在連鎖超市或網路購得

巧克力冰棒
可以直接插在飲品上，不只增添風味，視覺效果也更為豐富。推薦表層有酥脆巧克力的商品。
推薦商品 • Hershey's 美國好時巧克力以及巧克力雪糕

粒粒脆
市售冰淇淋「Crispy Crunch Bar*」表層食材即為粒粒脆。色彩豐富，適合用於裝飾。
購買處 • 網路烘焙商店
*註：巧克力脆片冰棒，類似曠世奇派

巧克力醬
適合混入飲品中，巧克力醬質地濃稠，也可用來裝飾杯緣（第 142 頁）。
推薦商品 • Nutella 能多益巧克力醬

巧克力筆

適合用於作畫或黏合食材。市面上的巧克力筆色彩多樣,有白色、粉色、綠色、黃色、藍色、黑色等。

購買處 • 烘焙材料行或網路烘焙商店

可可粉

可作為沖泡粉或撒在奶泡上。

推薦商品 • Valrhona法國法芙娜可可粉

粉圓

添加於珍珠奶茶裡口感Q彈的食材。煮熟後(第151頁)放入以牛奶為基底的飲品中享用。常見的是深棕色,其餘還有黃色、綠色、紫色。

巧克力磚

適合切碎後裝飾在鮮奶油或奶泡上。

推薦商品 • Ghana 加納巧克力、Weinrichs 1895 黑巧克力

紅茶包

適合製作散發淡淡香味的奶茶,或是放入果茶中。

推薦商品 • Twining 英國康寧茶茶包

黑糖

將黑糖製成糖漿(第126頁)後放入飲品時,可提升甜味和濃厚香味。

推薦商品 • 沖繩多良間島黑糖

☑COFFEE ☐NON COFFEE
☐HOT ☑ICED
☐FOR KIDS ☑FOR ADULTS

香草鮮奶油拿鐵

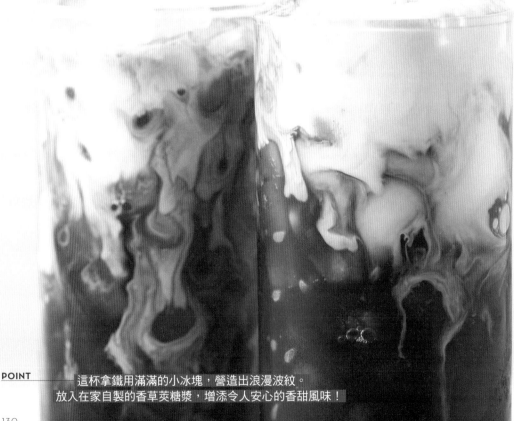

POINT 這杯拿鐵用滿滿的小冰塊，營造出浪漫波紋。
放入在家自製的香草莢糖漿，增添令人安心的香甜風味！

1杯／20分鐘

- 濃縮咖啡2份
  （第21頁）
- 小冰塊適量
- 牛奶60毫升
- 鮮奶油30毫升

香草莢糖漿
（分量約3杯）

- 香草莢2條
- 水2杯（400毫升）
- 砂糖2杯（320克）

TIP　　　購買商品

香草莢（第127頁）

TIP　　　香草莢糖漿保存方法
裝入消毒過的玻璃容器（第212頁）後置於室溫下，過3天入味後，挑出香草莢，可冷藏保存1個月。

1

將香草莢縱切剖半後，用刀刮出香草籽。

2

將香草莢糖漿所需的水放入鍋中以小火加熱，煮滾後放入砂糖，無須攪拌，待其溶解。

3

再將步驟①的香草莢和香草籽全都放入，無須攪拌，繼續以小火煮2～3分鐘，煮滾後關火靜置，待其完全冷卻。

4

於成品杯中裝滿小冰塊，倒入濃縮咖啡。
＊使用小冰塊才會出現細微波紋。

5

將牛奶和鮮奶油混合後，倒在冰塊上。
＊牛奶和鮮奶油要以2：1的比例混合才會美味。

6

倒入步驟③中1又1/2大匙的香草莢糖漿。
＊需等牛奶、鮮奶油下沉至一定程度後再倒入糖漿，才會出現細微波紋。

簡單純粹咖啡歐蕾

POINT 煉乳和冰滴咖啡完美分層
是咖啡歐蕾的核心。
減少衝擊力的小祕訣是緩緩倒入！

日式咖啡歐蕾（オレグラッセ）
牛奶和咖啡層分離的
日式冰品煉乳拿鐵。

1杯／10分鐘

- 煉乳2大匙
- 冰牛奶1/2杯
  （100毫升）
- 市售冰滴咖啡1/4杯
  （50毫升）

TIP　　購買商品

冰滴咖啡（第127頁）

將煉乳倒入杯中。

慢慢倒入冰牛奶。

輕輕攪拌1分鐘以上。
＊請小心攪拌，以免產生
氣泡。

湯匙背面靠在杯壁上，再
沿著湯匙緩緩倒入咖啡。
＊倒入時需緩慢且少量倒
　入，才能減少衝擊力，層
　次分明。

香濃巧克力奶油泡芙拿鐵

POINT ──── 一週熱銷50萬杯的奶油泡芙拿鐵華麗變身！
牛奶瓶口上用巧克力裝飾，
並鋪上滿滿的鮮奶油，趣味橫生。

1杯／20分鐘

- 巧克力筆1支
- 奶油泡芙拿鐵沖泡粉
  2大匙
- 礦泉水1大匙
- 牛奶1/2杯（100毫升）
- 濃縮咖啡1份
  （第21頁）
- 冰塊適量

鮮奶油霜
- 奶油泡芙拿鐵沖泡粉
  1大匙
- 冰礦泉水1/2大匙
- 鮮奶油1/4杯（50毫升）

<u>TIP　購買商品</u>
奶油泡芙拿鐵沖泡粉
（第127頁）

用巧克力筆隨意在玻璃瓶口作畫，再等待凝固。
*請先將巧克力筆泡在熱水中軟化。

將2大匙奶油泡芙拿鐵沖泡粉溶於礦泉水中。

製作鮮奶油霜：將奶油泡芙拿鐵沖泡粉溶於冰礦泉水中，再將鮮奶油放入杯中，用手持攪拌器打發，直到勾起時形成硬挺不滴落的尖角。

將步驟②的食材及冰塊放入玻璃瓶中，再將牛奶倒在冰塊上。
*牛奶要倒在冰塊上才不會混層（第210頁）。

將濃縮咖啡倒在冰塊上。
*咖啡要倒在冰塊上才不會混層（第210頁）。

將步驟③的鮮奶油霜放入套上花嘴的擠花袋，以繞圈的方式擠出。
*建議可用粒粒脆（第128頁）裝飾。

軟嫩Q彈咖啡凍牛奶

POINT 吃得到一粒粒Q彈果凍的咖啡牛奶凍飲。
隨意放入咖啡凍，不要過於整齊，
這樣跟牛奶混合時，才能產生自然的波紋。

1杯／15分鐘
（咖啡凍凝固時間
另計）

・香草冰淇淋1勺
・牛奶1/2杯
　（100毫升）
・冰塊適量
・蓮花脆餅1塊
・酒漬櫻桃1顆

咖啡凍
・吉利丁2片（2克）
・即溶咖啡粉2包（約2克）
・砂糖2大匙
・熱水3大匙
・冰礦泉水1/4杯
　（50毫升）

將製作咖啡凍所需的吉利
丁片置於冷水中，每片各
別泡水2～3分鐘，待軟
化後，用力擠出水分。

將即溶咖啡粉、砂糖、熱水
置於碗中攪拌均勻，再放
入步驟①的吉利丁混合。
＊製作咖啡凍時使用的咖
啡粉，建議使用「Kanu
美式黑咖啡－深度烘焙迷
你包」（第128頁）。

將冰礦泉水倒入步驟②的
食材中攪拌均勻。鋪上保
鮮膜後，置於冷藏室2小
時以上，待其凝固，即製
成咖啡凍。

於成品杯中放入冰塊，用
湯匙舀出步驟③的咖啡凍
裝滿成品杯。

放上香草冰淇淋。

倒入牛奶後，以蓮花脆餅
和酒漬櫻桃裝飾。
＊稍微用湯匙撥開冰塊和
咖啡凍，讓牛奶落至下層。

爆爆拿鐵

POINT ——— 用香蕉牛奶做成冰塊，讓飲品散發濃醇香，
再倒上滿滿的 Jolly Pong，口感層次更豐富。
也可以省略咖啡，就能和小朋友一同享受。

1杯／5分鐘
（香蕉牛奶冰磚製作
時間另計）

· 香蕉牛奶1罐（200毫升）
· 濃縮咖啡1份
　（第21頁）
· Jolly Pong 1/2杯
· 芭蕉少許

TIP　　兒童也能享用的方法
省略步驟③的濃縮咖啡。

TIP　　購買商品
Jolly Pong（第128頁）

1	2	3
將一半的（100毫升）香蕉牛奶倒入製冰盒中，製成造型冰磚。	於成品杯中放入步驟①的冰磚和剩餘香蕉牛奶。	將濃縮咖啡倒在冰磚上。*咖啡要倒在冰磚上才不會混層（第210頁）。

4	5
倒入Jolly Pong。	芭蕉切片後點綴。

麵包超人麵茶飲

POINT 用麵茶粉取代咖啡，做出兒童版維也納咖啡（第146頁）。
放上麵包超人糰子，給人可愛又可靠的感覺。
糰子也可以換成小麻糬或蜜糖年糕。

1杯／40分鐘

- 麵茶粉2大匙＋少許
- 蜂蜜2小匙
- 牛奶1杯（200毫升）
- 冰塊適量

麵包超人糰子（分量約3顆）

- 糯米粉50克
- 砂糖1/2小匙
- 鹽巴少許
- 熱水35毫升
  （依糯米粉狀態調整）
- 紅色、橘色食用色素少許
- 巧克力筆2支
  （白色、黑色）

鮮奶油霜

- 鮮奶油1/4杯（50毫升）
- 砂糖1小匙

TIP　　取代色素

製作糰子時，可使用紅、橘色巧克力筆取代色素（第35頁）來繪製表情。

1	2	3

1

糯米粉、砂糖和鹽巴放入密封袋，淋上少許熱水，持續揉捏至表面光滑。

2

撕下少許糯米糰，分別混入紅色和橘色色素後持續揉捏。如照片所示，捏出麵包超人造型。

＊揉捏時，手沾點熱水才不易黏手。

3

將步驟②的糯米糰置於滾水中，持續以小火煮4～5分鐘，輕輕攪拌以免黏鍋，浮起即熟透。煮熟撈起後浸泡於冰水中。

4	5	6

4

將步驟③的糯米糰插上竹籤，待巧克力筆軟化後放入擠花袋中，剪開袋子尾端，畫出臉部。

＊擠花袋能繪製更細線條。

5

將2大匙麵茶粉、蜂蜜和牛奶放入攪拌機中充分攪拌均勻。

＊也可放入搖搖杯後搖勻。

6

將鮮奶油霜的食材以手持攪拌器略微打發後，於成品杯中依序放入冰塊→步驟⑤的食材→鮮奶油霜，再以麵茶粉和糰子點綴。

可可香蕉冰淇淋拿鐵

POINT —— 冷凍香蕉和巧克力醬攪拌後再次冷凍，
就可製成風味更加濃郁的可可香蕉冰淇淋！
直接挖來吃或加到飲品中都很棒。

1杯／15分鐘
（冰淇淋製作時間另計）

- 冷凍香蕉1根
- Nutella能多益巧克力醬
  （或他牌巧克力醬）2大匙
  ＋少許
- 雀巢Nesquik高鈣巧克力沖
  泡粉1包（13.5克）
- 牛奶2大匙＋牛奶1/2杯
  （100毫升）
- 粒粒脆2大匙
- 冰塊適量
- 小餅乾（不限類型）少許

TIP　　購買商品
雀巢Nesquik高鈣巧克力
沖泡粉（第127頁）
粒粒脆（第128頁）

1

將冷凍香蕉和巧克力醬一
起放入碗中，用叉子壓碎
香蕉後攪拌均勻。

2

置於冷凍庫1小時以上，
待結凍後再用叉子攪拌，
製成可可香蕉冰淇淋。

3

於成品杯杯緣用湯匙塗上
巧克力醬。接著轉動杯子
以沾附粒粒脆。

4

將雀巢Nesquik高鈣巧克
力粉溶入2大匙牛奶中攪
拌均勻。

5

於成品杯中依序放入冰塊
→步驟④的巧克力牛奶
→1/2杯牛奶。

6

舀1～2匙步驟②的冰淇
淋放上飲品，再以小餅乾
點綴即完成。

143

☑ COFFEE ☐ NON COFFEE
☐ HOT ☑ ICED
☐ FOR KIDS ☑ FOR ADULTS

咖啡煉乳冰磚拿鐵

POINT 結合咖啡店黑磚拿鐵和煉乳拿鐵兩大人氣飲品美味，
運用交疊著咖啡香醇微苦和牛奶濃郁香甜的雙色冰磚，
讓整道飲品越喝越濃醇！

144

1杯／10分鐘
（咖啡牛奶冰磚製作
時間另計）

· 濃縮咖啡1份（第21頁）
· 煉乳2大匙
· 牛奶1/2杯（100毫升）

咖啡牛奶冰磚
· 即溶咖啡粉1又1/2包（1.5克）
· 熱水1大匙
· 礦泉水1/4杯（50毫升）
· 牛奶1/4杯（50毫升）

| 1 | 2 | 3 |

先將咖啡粉溶於熱水中，再與礦泉水混合後倒入製冰盒至一半高度，冷凍4小時以上。
＊製冰用咖啡粉建議使用「Kanu美式黑咖啡－深度烘焙迷你包」（第128頁）。

將牛奶倒滿製冰盒的剩餘空間，再次冷凍4小時以上，製成咖啡牛奶冰磚。

於成品杯中裝入冰磚後，倒入煉乳。

| 4 | 5 |

倒入牛奶。

倒入濃縮咖啡即完成。

濃得冒泡維也納咖啡

維也納咖啡（Einspanner）
意指在美式咖啡表層
覆蓋香甜鮮奶油的咖啡。

POINT 咖啡上鋪著一層鮮奶油的維也納咖啡，
別看它平凡無奇，只要鋪上那一小勺鮮奶油，
就能擁有白嫩綿軟的療癒效果，釋放你的壓力。

1杯／10分鐘

- 巧克力磚少許
- 濃縮咖啡2份（第21頁）
- 熱水1/2杯（100毫升）
- 可可粉1小匙

鮮奶油霜
- 鮮奶油1/4杯（50毫升）
- 砂糖1小匙

1

2

用刀敲碎巧克力磚之後，切成小碎塊。

將鮮奶油霜的食材放入杯中，用手持攪拌器打發，直到勾起時形成硬挺不滴落的尖角。

3

4

於成品杯中倒入濃縮咖啡後，倒入熱水。

用小冰淇淋勺挖出少許步驟②的鮮奶油霜放上。
＊用湯匙挖也可，用小冰淇淋勺（第18頁）挖出的造型更可愛。

TIP　　香味濃郁的鮮奶油作法

一般鮮奶油的香味不及純生鮮奶油，但較適合塑型。
建議可將純生鮮奶油和一般鮮奶油以1：1的比例混
合，打發後的鮮奶油香味會更濃郁、更好吃。

5

以可可粉和步驟①的巧克力碎片裝飾。

嚼勁十足黑糖珍珠奶茶

POINT ── 從台灣風靡全世界的黑糖珍奶，在家也能輕鬆完成！
教你自製黑糖糖漿和Q彈入味的粉圓熬煮技巧，
最後再用經典的雙色漸層，收服你的視覺感官。

1杯／40分鐘

- 粉圓2大匙
- 牛奶1/2杯
  （100毫升）
- 皇家伯爵茶茶包1包
- 熱水1/4杯（50毫升）
- 冰塊適量

黑糖糖漿（分量約1/2杯）
- 黑糖100克
- 水1/2杯（100毫升）

TIP　　購買商品

粉圓（第129頁）
黑糖（第129頁）

TIP　　黑糖糖漿保存方法
裝入消毒過的玻璃容器（第
212頁）後，置於室溫下可
保存1個月。

1

2

3

將黑糖糖漿所需食材放入
鍋中，以小火加熱5～10
分鐘，無須攪拌。
*也可倒入咖啡粉，讓糖
漿更濃稠。

將粉圓倒入滾水（3杯）
中，中火熬煮20分鐘。
關火後蓋上鍋蓋再燜10
分鐘。

粉圓過篩後以冷水沖洗，
再裝入瓶內。

4

5

6

放入冰塊，再加入步驟①
中2大匙的黑糖糖漿。
*讓瓶身或杯壁沾附糖漿，
即會出現漂亮的波紋。

倒入牛奶。

將皇家伯爵茶茶包用熱水
泡開後倒入。

小熊寶寶熱可可

POINT 在細緻綿密的奶泡上，
浮出一顆小熊棉花糖，
瞬間讓熱可可多了一份萌萌的可愛氣息。

1杯／30分鐘

- 巧克力磚1/4片（20克）
- 牛奶1杯（200毫升）＋
  1/4杯（奶泡用，50毫升）
- 可可粉2小匙＋少許
- 砂糖1小匙
- 麗莎蕨葉1片

小熊棉花糖（分量約2隻）

- 棉花糖2顆（大顆）
  ＋5顆（小顆）
- 巧克力筆2支
  （白色、黑色）
- 巧克力圓珠2顆

TIP　購買商品

麗莎蕨葉（第98頁）
巧克力筆（第129頁）
巧克力圓珠（第69頁）

1

用巧克力筆讓兩種不同大
小的棉花糖黏合，做出小
熊外型。再用巧克力筆、
巧克力圓珠裝飾臉部。
＊請先將巧克力筆泡在熱
水中軟化。

2

稍微將巧克力磚剝成小碎
片。

3

將1杯牛奶倒入鍋中以小
火加熱，待邊緣起泡時，
倒入2小匙的可可粉、砂
糖以及步驟②的巧克力，
並攪拌2～3分鐘。

4

將1/4杯牛奶放進微波爐
中加熱30秒後，以迷你
電動打泡器（第16頁）
打出奶泡。

5

於成品杯中裝入步驟③的
熱可可，再鋪上步驟④的
奶泡。

6

以可可粉、小熊棉花糖和
麗莎蕨葉點綴。
＊棉花糖易溶化，建議等
到要喝之前再放上。

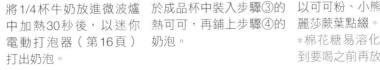

Oreo雪人奶昔

POINT 炎炎夏日，來杯雪人奶昔消消暑吧！
在雪白香草冰淇淋上，加一個白巧克力的圓形外殼，
一個超可愛的雪人就出現囉！

1杯／20分鐘

- 香草冰淇淋1勺
  （90克）＋1勺
- 冰塊1/2杯（50克）
- 牛奶1/2杯（100毫升）
- Oreo奧利奧餅乾3塊
  （或迷你奧利奧餅乾6塊）

雪人裝飾

- 迷你奧利奧餅乾4塊
- 巧克力殼1個（白色）
- 巧克力筆2支
  （紅色、黑色）
- 迷迭香2枝

TIP　　購買商品
Oreo奧利奧餅乾（第128頁）
巧克力殼（第127頁）
巧克力筆（第129頁）

用巧克力筆在巧克力殼上畫出雪人表情。再用少許巧克力筆將1塊迷你奧利奧餅乾黏到巧克力殼上，當成帽子。
＊請先將巧克力筆泡在熱水中軟化。

巧克力筆塗少許在2塊迷你奧利奧餅乾上，像鈕子一樣黏在成品杯上。

將1勺香草冰淇淋、冰塊、牛奶、3塊奧利奧餅乾放入攪拌機磨碎。

於成品杯中裝入步驟③食材，再放上1勺冰淇淋和步驟①的巧克力殼。

將1塊迷你奧利奧餅乾黏在冰淇淋上，最後插上迷迭香，當成雪人的手臂。

浪漫藍紫
blue & purple

極致絢爛的神祕魅惑
藍紫色系列飲品

1 應用自製糖煮水果

糖煮藍莓 / 冷藏可存放7～10天

藍莓2杯（或冷凍藍莓200克）、砂糖50克、檸檬汁1小匙

1＿將藍莓浸泡於已溶入小蘇打粉的水中30分鐘。

2＿洗淨後用廚房紙巾吸乾水分。

3＿將藍莓和砂糖放入鍋中，用小火加熱持續攪拌5分鐘，直到砂糖溶解。

4＿轉成中火，放入檸檬汁，撈起泡沫後繼續熬煮5～10分鐘

5＿關火後，等待完全冷卻。

6＿裝進消毒過的玻璃容器（第212頁）內，冷藏保存。

糖煮水果（Compote）
把砂糖和水果一起加入熬煮，糖分約為水果量的1/4～1/5。

2 應用市售商品

各色食用色素

食用級的液態色素，常用於製作冰磚（第209頁）或自製果凍（第171頁）。
購買處 • 烘焙材料行或網路烘焙商店

粒粒冰淇淋

市售的珍珠造型冰淇淋。放入碳酸飲料或氣泡飲時，能增添顏色和口感，以及視覺效果。
推薦商品 • Dippindots Pop & Shot*
*註：可改用Mini Melts粒粒冰淇淋替代

馬林糖*

以蛋白製成的餅乾，造型和顏色相當討喜，適合用來簡單裝飾。
*註：可在網路上購得

蝶豆花

常泡成茶飲用。欲呈現深藍色時相當好用。
購買處 • 可上網搜尋

藍柑糖漿＆薄荷糖漿

藍柑糖漿散發出淡淡的柑橙香，薄荷糖漿則散發出清涼的薄荷味。
推薦商品 • Monin 和 1883 法國果露糖漿

芋頭粉

將芋頭加工製成的飲品沖泡粉，散發出如地瓜、栗子般的濃郁香味。

藍色檸檬水粉

製作藍色檸檬水時使用的沖泡粉。
推薦商品 • 雀巢藍色檸檬水粉*註：可在代購網上購得

食用琉璃苣花

藍紫色花朵，接觸空氣後容易凋零，常用來製作裝飾用冰塊。
購買處 • 食用花可於花市、農場、進口超市及相關網路商城購買。

巧克力專用色素

不同於一般食用色素，須混入加熱後的白巧克力使用的脂溶性色素粉。
購買處 • 烘焙材料行或網路烘焙商店

藍色檸檬水飲品

飲品需呈現藍色時常使用，加入 Milkis* 更美味。
*註：韓國碳酸飲品，味道類似可爾必思加汽水
推薦商品 • Sunkist Sweetie Blueade*註：可在網路上購得

紫地瓜拿鐵沖泡粉

呈現深紫色，散發出香甜地瓜口味飲品沖泡粉。
推薦商品 • Ares Sweet Potato Latte Powder*註：可在代購網上購得

□ COFFEE ☑ NON COFFEE
□ HOT ☑ ICED
□ FOR KIDS ☑ FOR ADULTS

擁抱宇宙的
洛神花氣泡飲

POINT ── 巧妙融入紅色、藍色、紫色，
呈現出神祕宇宙氣息的氣泡飲。
使用直身杯更加分！

160

1杯／20分鐘
（冰磚製作時間另計）

- 蝶豆花5朵
- 洛神花5朵
- 熱水3大匙＋2大匙
- 蜂蜜2又1/2大匙
- 粉紅檸檬水粉1/2小匙
- 氣泡水3/4杯
  （150毫升）
- 檸檬汁1/2小匙
- 冷凍石榴粒7～8粒
- 百里香少許

蝶豆花冰磚（或一般冰塊）
- 蝶豆花4～6朵
- 冷開水適量

TIP_____購買商品
洛神花（第35頁）
蝶豆花（第159頁）
粉紅檸檬水粉（第35頁）
冷凍石榴粒（第34頁）

1

將蝶豆花和冷開水置於製冰盒裡製成冰磚（第207頁）。
＊需使用冷開水，冰磚才會是晶瑩透明的。

2

將洛神花泡於3大匙的熱水中4～5分鐘後，取出花瓣，加入蜂蜜及粉紅檸檬水粉拌勻。

3

取另一只杯子，將5朵蝶豆花泡於2大匙熱水中，呈色後取出花瓣。

4

於成品杯中放入步驟①的冰磚、石榴粒和百里香。

5

倒入步驟②的洛神花茶、氣泡水和檸檬汁。

6

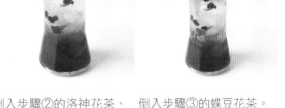

倒入步驟③的蝶豆花茶。

湛藍奶茶

POINT 將蝶豆花茶倒入黑糖奶茶後,更增添了濃郁花香。
倒入的時候若與牛奶分層,做出層次,
就能讓深藍色更被凸顯、擁有超人氣高顏值。

1杯／40分鐘

- 牛奶1杯（200毫升）
- 粉圓2～3大匙
- 蝶豆花7～8朵
- 熱水2大匙
- 冰塊適量

黑糖糖漿（分量約1/2杯）
- 黑糖100克
- 水1/2杯（100毫升）

TIP　　購買商品

粉圓（第129頁）
黑糖（第129頁）
蝶豆花（第159頁）

TIP　　黑糖糖漿保存方法

裝入消毒過的玻璃容器（第212頁）後置於室溫下可保存1個月。

1	2	3

將黑糖糖漿所需食材放入鍋中，以小火加熱5～10分鐘，無須攪拌。 ＊也可倒入咖啡粉，讓糖漿變得更加濃稠。	將粉圓倒入滾水（3杯）中，中火熬煮20分鐘。關火後蓋上鍋蓋再燜10分鐘。過篩後以冷水沖洗，再裝入成品杯。	將蝶豆花泡於熱水中，變色後再取出花瓣。

4	5	6

成品杯中裝入冰塊及3大匙步驟①的黑糖糖漿。 ＊製冰時倒入些許蝶豆花茶，就能製成藍色冰磚。	將牛奶倒在冰塊上。 ＊牛奶要倒在冰塊上才不會混層（第210頁）。	將步驟③的蝶豆花茶倒在冰塊上。 ＊要趁熱倒在冰塊上才不會混層（第210頁）。

輕飄飄棉花糖拿鐵

POINT ——— 將如雲朵般蓬鬆的棉花糖放在拿鐵上。
可將棉花糖撕下來吃，
也可溶在飲品中一起享用。

1杯／10分鐘

- 天藍色棉花糖1顆
- 牛奶1/4杯（50毫升）
- 濃縮咖啡1份（第21頁）
- 冰塊適量
- 馬林糖少許
- 食用珍珠糖少許

藍色糖漿

- 藍柑糖漿1大匙
- 煉乳1小匙
- 牛奶1/4杯（50毫升）

TIP＿＿＿購買商品

馬林糖（第158頁）
食用珍珠糖（第26頁）
藍柑糖漿（第159頁）

TIP＿＿＿兒童也能享用的方法

省略步驟④的濃縮咖啡，多
倒一點牛奶。

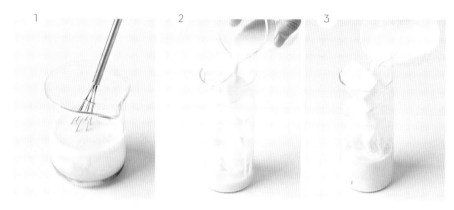

1 將藍色糖漿所需食材攪拌均勻。

2 於成品杯中放入冰塊、倒入步驟①的藍色糖漿。

3 倒入牛奶。

4 將濃縮咖啡倒在冰塊上。
＊咖啡要倒在冰塊上才不會混層（第210頁）。

5 將棉花糖插在杯子上後，用馬林糖和食用珍珠糖點綴即完成。

□ COFFEE ☑ NON COFFEE
□ HOT ☑ ICED
□ FOR KIDS ☑ FOR ADULTS

春日海洋藍色檸檬水

POINT 利用藍色蝶豆花茶
和紫色花朵冰磚，
打造出溫暖的春日海洋氛圍。

1杯／15分鐘
（花朵冰磚製作時間
另計）

- 藍色檸檬水粉1小匙
- 礦泉水1小匙
- 藍柑糖漿2大匙
- 蝶豆花5朵
- 熱水2大匙
- 氣泡水1/2杯
  （100毫升）
- 檸檬汁1/2小匙

花朵冰磚（或一般冰塊）
- 食用琉璃苣花10朵
- 冷開水適量

TIP＿＿＿購買商品
藍色檸檬水粉（第159頁）
藍柑糖漿（第159頁）
蝶豆花（第159頁）
食用琉璃苣花（第159頁）

1

將食用琉璃苣花和冷開水
置於製冰盒裡製成冰磚
（第207頁）。
＊需使用冷開水，冰磚才
會是晶瑩透明的。

2

將藍色檸檬水粉溶入礦泉
水後，倒入藍柑糖漿。

3

取另一只杯子，將蝶豆花
泡於熱水中，呈色後再取
出花瓣。

4

於成品杯中依序放入步驟
②→步驟①的花朵冰磚。

5

倒入氣泡水及檸檬汁。

6

倒入步驟③的蝶豆花茶。
＊蝶豆花花茶遇到檸檬汁
的酸性成分會變紫色。

清涼粒粒汽水

POINT 將粒粒冰淇淋靈活運用在飲品中，很特別吧？
和汽水一起喝下時，還能咬著一顆顆冰淇淋，
帶來前所未有的味覺享受。

1杯／10分鐘
（糖漿冰磚製作時間
另計）

- 藍色粒粒冰淇淋1包
- 汽水1/2杯
  （100毫升）
- 檸檬片1片
- 百里香少許
- 蘋果薄荷少許

糖漿冰磚（或一般冰塊）
- 藍柑糖漿少許
- 冷開水適量

TIP　　購買商品

粒粒冰淇淋（第158頁）
藍柑糖漿（第159頁）

1

將藍柑糖漿和冷開水置於
製冰盒裡製成冰磚（第
207頁）。
*需使用冷開水，冰磚才
會是晶瑩透明的。

2

於成品杯中依序裝入步驟
①的冰磚、百里香和粒粒
冰淇淋。

3

倒入汽水。

4

放上檸檬切片，中間插入
蘋果薄荷即完成。

一閃一閃果凍汽水

POINT　用製冰盒製作冰磚的方法讓果凍凝固。
彷彿大型水滴浮在水面上，
這Q彈口感絕對值得一試！

1杯／10分鐘
（果凍凝固時間另計）

- 砂糖1/4杯（40克）
- 蒟蒻粉1/3包
  （約4克）
- 水1又1/2杯
  （300毫升）
- 各色食用色素少許
- 汽水3/4杯
  （150毫升）

TIP　　購買商品
蒟蒻粉（第27頁）
各色食用色素（第158頁）

將砂糖和水放入鍋中，以小火加熱，分次少量加入蒟蒻粉，一邊用打蛋器攪拌。煮滾時再攪拌2～3分鐘後關火。

靜置冷卻之後，趁凝固前倒入小球型製冰盒（第209頁）。

在製冰盒中滴入1～2滴各色食用色素。
＊只使用喜歡的顏色也沒關係。

用牙籤稍微攪拌後，蓋上製冰盒蓋。在冷藏室冷藏3小時以上，待其凝固。
＊要稍微攪拌，才會產生漸層。

於成品杯中放入步驟④的果凍。

倒入汽水。
＊建議可用香草或食用花朵點綴。

QQ捲髮藍莓牛奶

POINT 　　飲品也能製作出QQ捲髮的美枝·辛普森（Marge Simpson）。
黃色的臉運用香蕉牛奶呈現，
蓬鬆捲髮則是用自製鮮奶油跟糖煮藍莓混合後製成。

1杯／30分鐘

- 藍莓5～6顆
- 鮮奶油1/2杯
  （100毫升）
- 香蕉牛奶3/4杯
  （150毫升）
- 冰塊適量
- 蘋果薄荷少許
- 巧克力筆2支
  （白色、黑色）

糖煮藍莓
- 冷凍藍莓1/2杯
  （50克，新鮮藍莓亦可）
- 砂糖1又1/2大匙
- 檸檬汁1/2小匙

TIP____購買商品
巧克力筆（第129頁）

1

將糖煮藍莓所需食材放入鍋中，邊用叉子壓碎藍莓，邊以小火加熱5分鐘。煮滾後過篩，靜置冷卻。

2

用巧克力筆於成品杯上畫出五官。
＊請先將巧克力筆泡在熱水中軟化。

3

將藍莓剖半。

4

將鮮奶油和步驟①篩出的藍莓汁放入杯中，用手持攪拌器打發，直到勾起時形成硬挺不滴落的尖角。

5

將藍莓剖面貼在步驟②成品杯杯壁，放入冰塊固定位置。再倒入香蕉牛奶。
＊留下少許藍莓最後點綴。

6

將步驟④的鮮奶油放入套上花嘴的擠花袋，以繞圈的方式擠出。再用剩餘藍莓和蘋果薄荷點綴。

紫色芋頭珍珠粉圓

POINT 芋頭特有的紫色讓色彩對比更為明顯，並利用紫色珍珠粉圓增添視覺層次的豐富感。

1杯／40分鐘

・紫色粉圓3大匙
・牛奶1/2杯（100毫升）
　＋1/4杯（奶泡用，
　50毫升）
・芋頭粉1小匙
・熱水3大匙
・冰塊適量
・茉莉花葉少許

芋頭糖漿
・芋頭粉2大匙
・砂糖1小匙
・熱水1/4杯（50毫升）

TIP_____購買商品

粉圓（第129頁）
芋頭粉（第159頁）
茉莉花葉（第98頁）

1

將粉圓倒入滾水（3杯）中，中火熬煮20分鐘。關火後蓋上鍋蓋再燜10分鐘。過篩後以冷水沖洗。

2

取另一杯，將芋頭糖漿的食材攪拌均勻。

3

於成品杯中依序放入步驟①的粉圓→冰塊→步驟②的芋頭糖漿。

4

倒入1/2杯的牛奶。

5

將1/4杯牛奶放進微波爐加熱30秒後，以迷你電動打泡器（第16頁）打出奶泡，再用湯匙鋪在成品杯上。

6

將1小匙芋頭粉溶入3大匙熱水，倒入奶泡中央。最後以茉莉花葉點綴。
＊芋頭粉溶解後倒入奶泡，會多一層紫色漸層。

軟糖冰磚氣泡飲

POINT　色彩繽紛的軟糖冰磚，讓視覺效果更吸睛。
結合兩種市售飲品，形成美麗的藍色漸層。
也千萬別錯過冰塊融化後登場的QQ軟糖！

1杯／10分鐘
（軟糖冰磚製作
時間另計）

- 迷迭香少許
- Milkis* 約120毫升
- 藍色檸檬水飲品約80毫升
- 香草冰淇淋1勺
- 酒釀櫻桃1顆

*註：韓國碳酸飲品，可用可爾必思加汽水替代。或於網路購買。

軟糖冰磚（或一般冰塊）
- Haribo德國哈瑞寶小熊軟糖（或一般軟糖）10～15顆
- 冷開水適量

將軟糖和冷開水置於製冰
盒裡製成冰磚。
＊需使用冷開水，冰磚才
會是晶瑩透明的。

於成品杯中放入步驟①的
軟糖冰磚。

放入迷迭香後，倒入碳酸
飲品Milkis。

慢慢倒入市售的藍色檸檬
水飲品。
＊Milkis和藍色檸檬水比例
為3：2時最好喝。

TIP ____ 購買商品
藍色檸檬水飲品（第159頁）

放上香草冰淇淋。

以酒漬櫻桃點綴。
＊建議可用Haribo德國哈瑞
寶小熊軟糖裝飾。

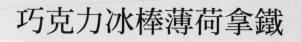

☑ COFFEE ☐ NON COFFEE
☐ HOT ☑ ICED
☐ FOR KIDS ☑ FOR ADULTS

巧克力冰棒薄荷拿鐵

POINT 　　　將市售薄荷糖漿混入牛奶中，就能讓薄荷拿鐵更美味。
巧克力冰棒直接插上，
不論味道或造型都極具吸引力！

1杯／5分鐘

- 薄荷糖漿2小匙
- 牛奶1/2杯
  （100毫升）
- 巧克力冰棒1支
- 濃縮咖啡1份
  （第21頁）
- 可可粉少許

TIP ＿＿＿購買商品
巧克力冰棒（第128頁）
薄荷糖漿（第159頁）

TIP ＿＿＿兒童也能享用的方法
省略步驟④的濃縮咖啡。

1

將薄荷糖漿倒入牛奶後攪
拌均勻。

2

於成品杯中插入巧克力冰
棒。
＊推薦表層有巧克力的
「Hershey's美國好時巧
克力以及巧克力雪糕」。

3

慢慢倒入步驟①的食材。
＊放入冰塊也很棒。

4

倒入濃縮咖啡。

5

用可可粉裝飾即完成。

甜甜圈薄荷巧克力奶昔

POINT 製作出甜甜圈造型，
讓飲品變得更可愛。
超級好喝又飽足感十足。

1杯／30分鐘

- 白巧克力40克
- 藍色巧克力專用色素少許（可省略）
- 棉花糖1顆
- 巧克力筆1支
- Nutella能多益巧克力醬2大匙（或其他巧克力醬）
- 原味甜甜圈1個
- 美式迷你巧克力餅乾3塊

薄荷巧克力奶昔

- 薄荷糖漿2大匙
- 香草冰淇淋1勺（90克）
- 巧克力磚1/2片（40克）
- 冰塊1杯（100克）
- 牛奶1/2杯（100毫升）

TIP　　購買商品
巧克力專用色素（第159頁）
薄荷糖漿（第159頁）

1

2

3

白巧克力置於鍋中，以小火隔水加熱，待溶化與藍色巧克力專用色素混合。
＊請注意，不要讓巧克力接觸到水分。

將棉花糖剖半後，用巧克力筆畫出眼睛。並將步驟①的巧克力醬塗在甜甜圈上，趁凝固前黏上棉花糖。
＊巧克力餅乾可當嘴巴。

用湯匙將Nutella能多益巧克力醬平塗在杯緣上。

4

5

6

巧克力餅乾捏碎後貼在杯緣塗上巧克力醬的地方。

將薄荷巧克力奶昔的食材放入攪拌機攪碎。

將步驟⑤的奶昔裝入杯中，再放上甜甜圈。

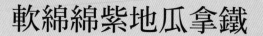

□ COFFEE ☑ NON COFFEE
☑ HOT □ ICED
☑ FOR KIDS ☑ FOR ADULTS

軟綿綿紫地瓜拿鐵

POINT————散發濃濃地瓜香的療癒熱拿鐵。
奶泡半邊撒上紫色粉末簡單裝飾，
看起來更可愛也更可口。

1杯／10分鐘

- 紫地瓜拿鐵沖泡粉
  1大匙＋少許
- 熱水1大匙
- 牛奶1杯（200毫升）
- 麗莎蕨葉1片

TIP ____ 購買商品
紫地瓜拿鐵沖泡粉
（第159頁）
麗莎蕨葉（第98頁）

1

將1大匙紫地瓜拿鐵沖泡粉溶於熱水中。

2

將牛奶放進微波爐加熱1分30秒鐘後，舀出1/4杯牛奶，以迷你電動打泡器（第16頁）打出奶泡。

3

於成品杯中倒入步驟①的地瓜拿鐵，再倒入步驟②中加熱後的3/4杯牛奶。

4

鋪上步驟②打發的奶泡。

5

以麗莎蕨葉和紫地瓜拿鐵沖泡粉裝飾。

冰涼清新草莓奶凍

POINT 在傾斜的奶凍上倒入糖煮草莓，
展現出與眾不同的俐落感。
奶凍和糖煮草莓越冰越好吃喔！

奶凍（Panna cotta） 將鮮奶油、砂糖和香草籽煮滾，冷卻後凝固製成的義式布丁。

咔滋咔滋草莓糖葫蘆

POINT 在家試做糖葫蘆經常失敗，
卻又想念一口咬下、表面酥脆甜蜜的滋味嗎？
製作祕訣大公開，讓你一次就成功～

糖葫蘆 在水果表層塗上糖漿，待其硬化後製成的台式甜點。

2杯／30分鐘
（果凍凝固時間另計）

- 吉利丁2片（4克）
- 牛奶1/2杯
　（100毫升）
- 鮮奶油1/2杯
　（100毫升）

- 砂糖1大匙
- 香草籽1/2條
　（處理方式見第131頁）
- 糖煮草莓1杯
　（200毫升、第33頁）
- 草莓薄片2顆
- 麗莎蕨葉2片

冰涼清新草莓奶凍

1

2

3

將吉利丁片各別泡水2～3分鐘，待軟化後，用力擠出水分。

將牛奶、鮮奶油、砂糖、香草籽放入鍋中，以小火加熱5分鐘，直到鍋緣起泡時，放入步驟①的吉利丁，攪拌2～3分鐘，煮滾後整鍋放入冰水冷卻。

把廚房紙巾放入杯中，如照片所示讓成品杯傾斜，再放入步驟②的食材。

4

5

6

用牙籤除去泡沫後，放在冷藏窂裡冷藏3個小時以上，待奶凍凝固。

將糖煮草莓倒入步驟④的杯中。

*糖煮草莓磨碎後使用。

用草莓、麗莎蕨葉加以點綴即完成。

8～10顆／15分鐘

- 草莓8～10顆＋1顆
- 砂糖1杯（160克）
- 水1/4杯（50毫升）
- 玉米糖漿2大匙

咔滋咔滋草莓糖葫蘆

1

擦乾洗淨草莓上的水分後，插在竹籤上。
*請使用沒有損傷的完整草莓。

2

砂糖、水放入鍋中，小火煮5分鐘，無須攪拌，待砂糖溶解且煮至冒泡後放玉米糖漿，繼續煮5分鐘。

3

將其中1顆草莓剖半去蒂放入，煮2～3分鐘後撈起。
*放進草莓後，糖漿會轉成粉紅色。

4

用湯匙舀起步驟③少許的糖漿，以畫Z字型方式流入冰水中，若會凝固得像糖果般即可關火。
*確認糖漿狀態相當重要。

5

用湯匙將糖漿均勻淋在草莓上。
*糖漿很快就會凝固，所以要快速淋上。

6

完成後放在烘焙紙上，置於陰涼處，待凝固後拔出竹籤。
*若置於室溫太久，糖漿會溶化，建議盡快食用。

軟綿綿厚玉子燒三明治

POINT 使用圓形餐包製作出造型可愛的玉子燒三明治。
玉子燒盡量煎得厚厚的，
整個造型看起來會更好看喔！

日式玉子燒三明治（たまごサンド）
日本咖啡館的人氣三明治，傳統玉子燒搭配吐司，口感軟綿又香甜。

繽紛派對水果三明治

POINT　　　　　將水果切成塊狀後放進吐司裡，
就能製作出令人垂涎欲滴的三明治！
照著食譜步驟，就能做出漂亮的水果剖面。

2塊／20分鐘

- 餐包2片
- 奶油少許
- 美乃滋1大匙

煎蛋捲
- 雞蛋4顆
- 砂糖1大匙～1又1/2大匙（可依個人喜好增減）
- 料理酒1大匙
- 鹽巴1小匙
- 牛奶1/3杯（約70毫升）

軟綿綿厚玉子燒三明治

1

將煎蛋捲的食材混合均勻之後過篩。

2

平底鍋熱鍋後，用廚房紙巾沾奶油均勻抹在鍋中，再倒入蛋液，小火加熱，用筷子不停攪拌，直到蛋捲變得鬆軟。

3

將鍋子傾斜，蛋液推往一邊，用兩把鍋鏟推出厚厚的蛋捲後，繼續加熱5分鐘，等待蛋液熟透。

4

翻面後關火，利用餘溫繼續加熱蛋捲，放涼後即可切成2等分。

5

餐包從中間剖開，塗上美乃滋。

*愛好甜食的人也可以將其中一面抹上草莓醬。

6

在餐包中分別夾上步驟④的蛋捲。

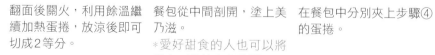

4個／20分鐘
（冷卻時間另計）

- 吐司2片
- 香蕉1/3條
- 奇異果1顆
- 罐裝水蜜桃2塊
- 草莓1顆

鮮奶油霜
- 鮮奶油1杯
  （200毫升）
- 砂糖1又1/2大匙

繽紛派對水果三明治

1

將吐司切邊，水果切成如
照片所示。

2

將鮮奶油霜的食材放入碗
中，用手持攪拌器打發，
直到勾起時形成硬挺不滴
落的尖角。

3

拉出一長條保鮮膜後放上
吐司，在其中一面厚厚塗
上1/2的鮮奶油霜。

4

如照片所示鋪上水果。
*請按照圖片位置鋪上水
果，這樣剖面才好看。

5

將剩餘的鮮奶油霜完全包
覆水果之後，再蓋上另一
片吐司。

6

保鮮膜包好後冷藏30分
鐘，再從對角線切開。
*建議刀子稍微用火烤過
再切，就能切得更俐落。

草莓紅豆奶油麵包

POINT 在小塊黑麥麵包裡點綴上草莓橫切片，
小巧可愛的奶油麵包就完成了。
關鍵就是要用好吃的紅豆泥和奶油。

宇治金時鯛魚燒

POINT —————— 在鬆餅粉裡加上抹茶粉，
就能做出綠色帶點茶香
且造型可愛的抹茶鯛魚燒。

1塊／5分鐘

- 迷你黑麥麵包
  （或其他麵包）1塊
- 草莓1顆
- 奶油1塊
- 紅豆泥2大匙

TIP　　挑選奶油
建議選用Isigny Ste Mère法
國依思尼奶油、Lurpak丹麥
銀寶奶油、Elle & Vire法國
鐵塔牌奶油。

TIP　　挑選紅豆泥
建議不要選擇刨冰使用的紅
豆，而是選擇比較不甜、水
分較少的「手工紅豆泥」。
也可以自製紅豆泥來使用。

草莓紅豆奶油麵包

1

將草莓橫剖，切成薄片。
奶油切下1公分的厚度。

2

在麵包上深深地劃一刀不
切斷。
＊麵包也可替換成奶油椰
子餅乾。

3

在麵包切面抹上滿滿的紅
豆泥。

4

放入奶油。

5

最後用草莓點綴即完成。

4塊／15分鐘

- 鯛魚燒粉 150 克
- 雞蛋 1 顆
- 抹茶粉 1 大匙
- 砂糖 1 小匙
- 牛奶 130 毫升
- 紅豆泥 2 大匙
- 食用油少許

TIP　　購買鯛魚燒烤盤

可上網搜尋「迷你鯛魚燒烤盤」後選購。

TIP　　挑選紅豆泥

手工紅豆泥或刨冰用的紅豆泥皆可。

宇治金時鯛魚燒

1

將上述除了紅豆泥和食用油以外的食材混合。

2

迷你鯛魚燒烤盤加熱後，用廚房紙巾沾取食用油均勻抹上。

3

將步驟①的麵糊裝填至烤盤，約七分滿。

4

中間放入紅豆泥。

5

繼續加入麵糊，完全蓋住紅豆泥後再蓋上蓋子。

6

正反兩面都以小火烤5分鐘即完成。

活力三色法式薄餅

POINT　　　運用市售的酥脆餅皮，輕鬆做出法式薄餅。
利用番茄、雞蛋、芽菜等不同顏色的食材，
增添更豐富的配色效果。

法式薄餅 用蕎麥餅皮鋪上各種食材的法式點心。鹹的叫卡蕾特 Galette，甜的叫可麗餅 Crêpe。

史努比可可鬆餅

1片／15分鐘

- 市售可麗餅皮1張
- 雞蛋1顆
- 洋蔥1/4顆
- 培根2片
- 奶油1小匙＋少許

裝飾

- 小番茄1～2顆
- 芽菜少許
- 帕瑪森起士少許
  （可省略）

TIP　　購買可麗餅

推薦「Paysan Breton法國貝頌原味可麗餅」。

*註：可購買法式薄餅預拌粉，或參考網路上可麗餅粉配方

活力三色法式薄餅

1

將洋蔥和培根切成細細的條狀。

2

熱鍋後放1小匙奶油，待溶化後放入步驟①食材，拌炒1～2分鐘。將洋蔥及培根移到廚房紙巾上吸油，放一旁備用。

3

用廚房紙巾沾取少許奶油後均勻塗抹在熱鍋上，再放上可麗餅皮，將步驟②的食材鋪在鍋緣。

4

中間打入一顆雞蛋，用小火煎5～6分鐘，直到雞蛋完全煎熟。

5

將餅皮由外而內折成方形，裝盤後鋪上裝飾食材即完成。

3塊／15分鐘

- 柳橙1/4顆
- 鮮奶油1/4杯
  （50毫升）
- 砂糖1小匙
- 奶油少許

麵糊

- 鬆餅粉150克
- 雞蛋1顆
- 可可粉1大匙
- 砂糖1小匙
- 牛奶115毫升

TIP　　購買鬆餅機

可上網搜尋「Snoopy鬆餅機」後選購。也可以使用一般的鬆餅機。

史努比可可鬆餅

將麵糊食材混合均勻。

切下2片柳橙薄片，將蒂頭部分切出花朵造型。

將鮮奶油和砂糖放入杯中，用手持攪拌器打發，直到勾起時形成硬挺不滴落的尖角。

用廚房紙巾沾取奶油後均勻塗抹在預熱好的鬆餅機內，再倒入步驟①麵糊。
*可在中間各放入一塊巧克力。

翻面後再烤5分鐘。

將鬆餅裝盤後，旁邊擺上步驟②的柳橙片和步驟③的打發鮮奶油。
*搭配冰淇淋、巧克力醬或楓糖糖漿都不錯。

水果奶油起士瑪芬

POINT 　用市售瑪芬預拌粉做成瑪芬，
擠上一團冰冰涼涼的奶油起士，
再放上喜歡的水果就大功告成！

棉花糖雪人餅乾

9塊／50分鐘

- 鮮奶油1杯
  （200毫升）
- 砂糖1/4杯（40克）
- 奶油起士200克
  （使用前置於室溫軟化）
- 當季水果9片
- 新鮮香草少許

麵糊
- 市售瑪芬預拌粉1包
  （400克）
- 雞蛋2顆
- 牛奶80毫升
- 奶油（或食用油）
  50克

水果奶油起士瑪芬

1

2

3

按照市售瑪芬預拌粉的包裝指示烤出瑪芬。

將鮮奶油、砂糖放入碗中混合，用手持攪拌器打發，直到勾起時形成硬挺不滴落的尖角。

取一個碗裝奶油起士，略微打發後拌入步驟②的打發鮮奶油，再放入套上花嘴的擠花袋，冰入冷藏30分鐘。
＊置於冷藏室會讓鮮奶油起士餡不易塌陷，有利於做出更美的造型。

4

在瑪芬上以螺旋狀擠出步驟③的奶油起士餡，再以水果和香草點綴。
＊瑪芬表層平平的也無妨。鋪上奶油起士餡時也可用冰淇淋勺代替擠花袋。

6塊／30分鐘

- 巧克力筆3～4支
  （白色、黑色、粉紅色、
  藍色）
- 棉花糖6顆
- 美式巧克力餅乾6塊
- 紅蘿蔔少許（可省略）

- M&M巧克力6顆
  （可省略）

糖霜
- 蛋白1顆（40克）
- 糖粉200克
- 檸檬汁1小匙

棉花糖雪人餅乾

1

2

3

用巧克力筆在棉花糖上畫
五官，如照片所示。
*請先將巧克力筆泡在熱
水中軟化。

將紅蘿蔔切出鼻子造型，
再以巧克力筆黏上。

取一個碗裝糖霜食材，用
迷你打泡器攪拌均勻，直
到如優格般濃稠即可。

4

5

用湯匙舀出步驟③的糖霜
後，鋪在餅乾上。
*需於糖霜凝固之前迅速
裝飾。

疊上棉花糖，再以M&M
巧克力點綴後靜置陰乾。

Q＿怎麼做出讓人驚艷的夢幻冰磚？

A＿ 以下介紹使用多種食材
呈現不同顏色、利用各樣造型製冰盒的冰磚作法

方法 ❶ 添加多樣化的食材

1＿水果冰磚

小蘋果、草莓、橘子、櫻桃等，可整顆放入大球型製冰盒製成冰磚（第209頁）。手邊沒有大球型製冰盒時，可將顏色鮮豔的水果切丁放入一般製冰盒中。製冰時請使用冷開水，冰磚才會晶瑩透明且更為漂亮。

2__糖漿冰磚、彩色冰磚

將水倒入製冰盒後，可添加飲料用糖漿（第21頁）或各色食用色素（第158頁）後稍微攪拌。不需要完全混合，稍微攪拌一下就會產生漸層，效果更好。

3__香草冰磚、花朵冰磚

可添加新鮮香草或食用花朵來製作冰磚。只要放入1～2葉／瓣就會很美！

4__牛奶冰磚、果汁冰磚

沒有製冰盒時，可將牛奶盒或紙盒裝的市售飲料整杯冷凍，就能製作出一整塊的杯型冰磚。結凍後，請用剪刀稍微剪開外盒後，浸泡在冷水中剝開。小心不要受傷。

5__即溶沖泡飲品冰磚

利用即溶咖啡或即溶綠茶拿鐵等長條型包裝來製作冰磚。將包裝的尾端剪下一小角後，把粉末倒入杯中，以水或牛奶溶解後再倒回包裝裡。注意冷凍時要讓包裝立起來。

6__多層次冰磚

只要利用時間差分層冷凍即可。薄層時間差需2～3小時，厚層時間差需半天左右。若想呈現不同顏色，可把飲料用糖漿混入牛奶或水中，也可直接用有顏色的調味乳或市售飲料。若使用抹茶粉，抹茶粉結凍前會先沉澱，所以會再出現一個深色層。

方法 ❷ 使用多種製冰盒

方型

一般方型製冰盒
製作最常見的正六面體冰磚時使用。

小方型製冰盒
可放入口徑窄的瓶子或製造出飲品細碎的波紋。

大方型製冰盒
體積相當大,適合製作加入水果丁的冰磚。

球形

小球型製冰盒
可配上一朵小花或一葉香草植物等食材製作。

大球型製冰盒
適合製作放入整顆草莓或橘子等的冰磚。

球型附孔製冰盒
用於製作小蘋果、櫻桃等連同蒂頭結凍的冰磚,或倒入液體製作分層冰磚。

TIP____注意事項

使用附蓋製冰盒時,蓋上蓋子後,需再加上重物壓住製冰盒。
因為在結凍過程中,體積可能會增加或溢出,造成冰磚變型。

其他
造型

冰棒型製冰盒
適合用於製作果汁、水果冰棒。

造型製冰盒
以矽膠製為主,適合用於製作與眾不同的造型冰塊。市售矽膠製冰盒種類豐富,多不勝數。

Q_ 如何保持分明的絕美漸層，
不會混在一起？

A__ 以下公開4種讓飲品分層的原理，
只要掌握這些祕訣，任何飲料都能做出層次

1__重量

越重越會往下沉。代表性的重量食材就是果醬和糖漿，輕盈食材則是奶泡、打發後的鮮奶油。換句話說，要按照重量食材→輕盈食材的順序倒入才不會混層。
＊參考食譜：柳橙比安科漸層四重奏（第80頁）

2__濃度

濃度越高越會往下沉，形成下層。舉例來說，同樣是牛奶，若要倒入鮮奶和摻入粉末的鮮奶，摻入粉末的鮮奶濃度較高，更會往下沉。
＊參考食譜：可可香蕉冰淇淋拿鐵（第142頁）

3__溫度

熱飲比冷飲更會往上浮。這是由於食材加熱後體積膨脹、密度降低而產生的對流現象。
＊參考食譜：湛藍奶茶（第162頁）

4__衝擊力

食材倒入時，要沿著湯匙、杯壁或冰塊等介質來**降低飲料間的衝擊力，層次才會分明**。
＊參考食譜：簡單純粹咖啡歐蕾（第132頁）

TIP___冰塊放置順序

順序會隨著目的而有所不同。若想製作出層次分明的飲品，請最先放入冰塊。
若想製作自然不規則的層次，請先放入第一個食材後再放入冰塊。

如照片所示順序放入，
層次就會相當分明，不會混層。

4F ────────────────────────●
奶泡、打發後的鮮奶油

3F ────────────────────────●
濃縮咖啡、熱茶

2F ────────────────────────●
牛奶、氣泡水、水

1F ────────────────────────●
糖漿、水果釀

Q_ 做水果釀時要注意什麼?

A_ 只要遵守5大原則,就能做出為飲品增添風味及色澤的水果釀

1_ 水果連同果皮清洗乾淨

第1階段洗滌:如檸檬、柳橙、蘋果等果皮較硬的水果,可用小蘇打粉或粗鹽搓洗後再以冷水洗淨。

第2階段洗滌:之後浸泡在已溶入小蘇打粉和醋的水中,或以粗鹽搓洗後再次洗淨。如草莓之類易有農藥殘留的水果,需置於已溶入小蘇打粉的水中,浸泡30分鐘後沖洗乾淨。水果洗淨後,務必完全擦乾水分。

2_ 消毒玻璃容器

在附蓋的玻璃容器內倒入滾水(2杯)後均勻搖晃瓶身,之後倒置瀝乾。要注意的是,瓶內必須完全乾燥,無任何水分。

TIP____水果釀作法

草莓釀、蘋果釀、櫻桃釀請見第32頁，檸檬釀、金桔釀、柳橙釀、橘子釀請見第66頁，萊姆釀、青葡萄釀、奇異果釀請見第96頁。

TIP____保存期間

若遵守下列注意事項，基本上水果釀冷藏可保存3個月。不過，若使用如蘋果、青葡萄、奇異果等容易變色的水果製作水果釀，僅建議存放1～2週。強烈建議水果釀批次少量製作，並且盡快食用完畢。

3__調整食材、砂糖比例

砂糖不僅提供甜味，也是水果釀的保存劑。萬一食材和砂糖比例不對，存放時可能會發霉。

基本上建議食材和砂糖重量比例大約1：1。若是糖分較高的水果，建議可調整為1：0.8。

4__完全隔絕空氣

食材與空氣接觸後容易腐敗，因此完全隔絕空氣是相當重要的。

將食材裝入玻璃容器後，再倒入足量砂糖覆蓋表面，就能第1階段隔絕空氣。之後鋪上保鮮膜後蓋上蓋子，以確保存放時的食物安全。

5__待砂糖於室溫溶解再冷藏

若水果釀的砂糖尚未溶解就冰入冷藏室，砂糖可能會凝固。因此請將水果釀置於室溫半天到1天的時間，待砂糖完全溶解再冰冷藏。

此外，保存期間內若發現砂糖沉澱，請搖晃瓶身或將瓶身倒置。

Q__想知道裝飾飲品的吸睛訣竅

A__ 只要在裝飾方面多花點心思就成功了一半！以下傳授5個小祕訣

1__試著將水果做成帽子

柑橘類水果製作飲料後剩餘的部分，可透過這方法多加利用。

檸檬、葡萄柚、柳橙、萊姆等水果，對半切開，在頂端劃出十字後插上香草，然後直接蓋在杯子上，就完成了帽子的造型裝飾！

也可以在水果切片中間挖出一小個洞，插入香草植物或吸管發揮巧思。

2__善用冰淇淋勺

只要用冰淇淋勺挖出圓圓的一球冰淇淋或雪酪放在成品上，就有裝飾效果。

手邊沒有冰淇淋或雪酪時，可以用果汁機或刨冰機將一般冰塊打成碎冰後裝飾。

此外，也可將打發後的鮮奶油用小的冰淇淋勺挖出一小匙後鋪上。

3_擺上鮮豔水果與香草

如果覺得乳白色鮮奶油或香草冰淇淋顏色太單調，可以擺上酒漬櫻桃、紅醋栗，或者像覆盆莓之類鮮紅色的小型水果。這時再加上鮮綠色香草植物，看起來就會更好看。

4_插上餅乾或巧克力

若想以簡單色調來裝飾，可以插上小餅乾、巧克力碎片，飲品就會相當賞心悅目。推薦有可愛小熊圖案的「Teddy Grahams美國小熊餅乾」、「Lotus比利時蓮花脆餅（第136頁）」。

5_撒上粉末

也可以試著在奶泡上撒點飲料用的粉末，增加視覺質感。倒在小篩網後，用手輕拍篩網幾下就行了。撒滿整杯也不錯，只撒一邊也會帶來不同的感受。

Q_怎麼打出濃密又蓬鬆的奶泡？

A_只要遵守3大原則，
任何人都能做出濃密奶泡

1__請使用一般牛奶而非低脂牛奶。

奶泡是牛奶的脂肪成分跟空氣接觸後產
生的。因此，要使用脂肪含量適當的一
般牛奶才能產生濃密奶泡。

2__牛奶請勿過熱，加熱至暖手程度即可。

牛奶需事先置於微波爐加熱，奶泡才會
綿密，不易消泡。
需使用熱牛奶及奶泡時，200毫升請加
熱1分30秒，250毫升請加熱2分鐘，
300毫升請加熱2分30秒。
若只想單獨使用奶泡，50毫升加熱30秒
即可。

3__請熟悉奶泡工具及使用方法。

迷你電動奶泡器（第16頁）可製作出裝
飾飲料頂層的細密泡沫，法式濾壓壺
（第14頁）則可製作出如拿鐵般，連同
牛奶一口喝下的柔軟又扎實的奶泡。
使用迷你電動奶泡器時，請將迷你電動
奶泡器置於熱牛奶底部，打發30秒後，
往上移至牛奶頂層繼續打發超過1分鐘。
使用法式濾壓壺時，倒入熱牛奶後，自
上而下擠壓數次後，再次擠壓底層數十
次左右。

Q_ 想了解美式或拿鐵等
基本款咖啡怎麼做

A_ 以下介紹幾種
以濃縮咖啡為基底的咖啡

TIP   濃縮咖啡

是指加壓後快速萃取的咖啡。常作為各類
型咖啡基底。普遍來說，咖啡原豆分量為
7±1克，萃取時間為25±5秒，萃取量為
25±5毫升。（以1杯一口杯為基準）。
＊濃縮咖啡作法詳見第21頁。

長黑咖啡（Long Black）

比美式咖啡
水量更少、更濃郁。

美式咖啡（Americano）

濃縮咖啡加水稀釋。

馬車伕咖啡
（又名維也納咖啡，Einspanner）

在美式咖啡表層鋪上香甜鮮奶油，
也可加冷萃咖啡、冰滴咖啡、濾泡式咖啡。

拿鐵（Latte）

濃縮咖啡中倒入熱牛奶，
可喝到1公分厚的奶泡。
濃縮咖啡和牛奶的比例為1：4。

平白咖啡（又名馥芮白，Flat white）

名稱源於上層鋪著低於0.5公分厚的奶泡。
濃縮咖啡和牛奶的比例為1：2。
何謂「短萃取濃縮咖啡」？縮短時間所萃取出更濃
醇的濃縮咖啡，1杯約為15～20毫升。

卡布奇諾（Cappuccino）

牛奶含量比拿鐵少，
奶泡厚度大於1～2公分。
濃縮咖啡、牛奶和奶泡的比例為1：1：1～2。

Q__拍照片或影片時有什麼提升質感的小技巧嗎？

A__ 我自己經營Instagram到現在，越拍攝越有心得
以下分享我的獨家攝影小技巧

1__在窗台前營造出拍攝空間

比起老是要把東西移來移去，不如在光線充足的窗前設置拍攝空間，最好能有一張白色小桌子。可以在大型量販店購買保麗龍，當成牆壁立起，打造出拍攝空間。也可將保麗龍製作成小的反光板，反射窗外照進來的光線，這樣飲品就能在亮度增強之下更顯得清楚、透明。

2__拍攝調飲品瞬間的照片或記錄製作過程

不光拍下完成的照片，也請試著將製作過程以照片或影片的方式記錄看看。我拍攝影片時會使用手機和專用支架，剪輯影片時則使用App輕鬆後製。

3__背景建議從簡

由於飲品本身已經相當好看，因此我在拍攝時不喜歡周圍過度擺設。比起雜亂的背景，只有飲料入鏡會更好看。建議只要放上水果或旁邊擺幾片葉子，簡單裝飾即可。

index 索引 —— **按飲料基底分類**

＊各種杯型介紹請參考第28頁

台灣廣廈 國際出版集團
Taiwan Mansion International Group

國家圖書館出版品預行編目（CIP）資料

手調飲品研究室：飲料再進化！用水果×果釀×冰磚，自製基底與裝飾，6步驟調出IG百萬粉絲都在追的視覺系手作飲！/
藝娜作；丁睿俐譯. -- 新北市：台灣廣廈，2020.06
　　面；　公分
ISBN 978-986-130-465-6(平裝)
1.飲料

427.4　　　　　　　　　　　　　　　　109006183

手調飲品研究室

飲料再進化！用水果×果釀×冰磚，自製基底與裝飾，
6步驟調出征服IG百萬粉絲的視覺系手作飲！

作　　者／藝娜 Yeana
譯　　者／丁睿俐

編輯中心編輯長／張秀環
編輯／彭翊鈞
封面設計／曾詩涵・內頁排版／菩薩蠻數位文化有限公司
製版・印刷・裝訂／東豪・弼聖・秉成

行企研發中心總監／陳冠蒨

媒體公關組／陳柔彣
綜合業務組／顏佑婷

發　行　人／江媛珍
法律顧問／第一國際法律事務所 余淑杏律師・北辰著作權事務所 蕭雄淋律師
出　　版／台灣廣廈
發　　行／台灣廣廈有聲圖書有限公司
　　　　　地址：新北市235中和區中山路二段359巷7號2樓
　　　　　電話：（886）2-2225-5777・傳真：（886）2-2225-8052

代理印務・全球總經銷／知遠文化事業有限公司
　　　　　地址：新北市222深坑區北深路三段155巷25號5樓
　　　　　電話：（886）2-2664-8800・傳真：（886）2-2664-8801
郵政劃撥／劃撥帳號：18836722
　　　　　劃撥戶名：知遠文化事業有限公司（※單次購書金額未達1000元，請另付70元郵資。）

■出版日期：2020年06月　　　　■初版4刷：2023年03月
ISBN：978-986-130-465-6　　　版權所有，未經同意不得重製、轉載、翻印。